BUILDING
STRUCTURE

建筑构造

石玉慧◎主编

清华大学出版社
北京

内 容 简 介

本书根据工程管理专业的特点以及土木相关专业的教学要求,以民用建筑和工业建筑为主要内容,介绍建筑物各组成部分的构造原理和构造方法。全书共分为 9 章,主要包括概论,地基与基础,墙体,楼地层,楼梯、坡道、电梯及自动扶梯,门和窗,屋顶,变形缝以及工业建筑等内容。

本书适用于建筑工程技术、建设工程管理、建设工程监理、工程造价等专业的教学,也可供从事建筑设计和建筑施工的相关人员参考。

图书在版编目(CIP)数据

建筑构造/石玉慧主编.—北京:清华大学出版社,2017(2021.8 重印)
ISBN 978-7-302-48395-3

Ⅰ.①建… Ⅱ.①石… Ⅲ.①建筑构造-高等职业教育-教材 Ⅳ.①TU22

中国版本图书馆 CIP 数据核字(2017)第 216423 号

责任编辑:赵益鹏
封面设计:李召霞
责任校对:赵丽敏
责任印制:沈 露

出版发行:清华大学出版社
　　　网　　　址:http://www.tup.com.cn, http://www.wqbook.com
　　　地　　　址:北京清华大学学研大厦 A 座　　　　邮　　编:100084
　　　社 总 机:010-62770175　　　　　　　　　　　邮　　购:010-62786544
　　　投稿与读者服务:010-62776969,c-service@tup.tsinghua.edu.cn
　　　质量反馈:010-62772015,zhiliang@tup.tsinghua.edu.cn
印 装 者:三河市龙大印装有限公司
经　　销:全国新华书店
开　　本:185mm×260mm　　　印　张:14.25　　　字　数:355 千字
版　　次:2017 年 12 月第 1 版　　　　　　　印　次:2021 年 8 月第 2 次印刷
定　　价:49.00 元

产品编号:076515-01

前 言

FOREWORD

　　建筑构造是一门专门研究建筑物各组成部分的构造原理和构造方法的学科。其主要任务是根据建筑物的使用功能、艺术造型、经济的构造方案,作为建筑设计中综合解决技术问题及进行施工图设计的依据。

　　本书主要阐述建筑工程设计中有关建筑构造技术的基本原理、设计方法和应用技术,反映近年来在工程实践中大量应用的建筑新材料、新构造和新技术;同时汲取传统的和国内外现代建筑中的一些建筑构造技术与细部作法,并紧扣现行的建筑设计法规、规范、行业标准以及国家关于建筑节能减排和环境保护等方面的技术要求。全书共分9章,第1章由石玉慧编写,第2、3章由吴东伟编写,第4、5章由马晓玉编写,第6、7章由李乃文编写,第8章由王中行编写,第9章由王晓军编写,最后由石玉慧统稿,具体内容详细如下。

　　第1章主要介绍建筑的构成要素、分类、等级划分、构造组成、防火与安全疏散以及节能等基本建筑理论,让读者对建筑构造有基本的认知。

　　第2章分别介绍地基与基础等内容,还讲解地下室的类型与构造组成,使用户了解地基与基础的作用。

　　第3章在墙体的类型与要求的基础上,依次讲解墙体构造、隔墙构造、幕墙构造、墙面装修等与墙体相关的内容,让用户了解各种墙体的构造。

　　第4章详细介绍楼板层的构成与分类、地坪构造、地面构造等,还附带阳台与雨篷的构造等内容。

　　第5章除了讲述楼梯的种类、组成、尺度、细部构造,还介绍与之相关的台阶、坡道、电梯以及自动扶梯等知识。

　　第6章依次介绍门和窗的作用、尺寸、分类、构成、安装、构造等相关知识,以及与门窗相关的遮阳构造。

　　第7章在介绍屋顶的作用、组成、形式、坡度的基础上,分别讲解平屋顶、坡屋顶的相关知识。

第 8 章详细讲解变形缝的作用,以及其中的伸缩缝构造、沉降缝构造、防震缝构造、后浇带构造等内容。

第 9 章特别介绍工业建筑的相关知识,比如工业建筑的特点、分类,以及各种结构类型的厂房等。

本书浅显易懂、图文并茂,也适合针对非建筑类专业学生的教学。

由于作者的水平有限,在编写过程中难免会有漏洞,欢迎广大读者通过清华大学出版社官网与我们联系,帮助我们改正提高。

作 者

2017 年 6 月

目　录

CONTENTS

第1章　概论 …………………………………………………………… 1

1.1　建筑及建筑的构成要素 ………………………………………… 1

1.2　建筑的分类 ……………………………………………………… 2

　　1.2.1　按建筑的使用功能分类 …………………………………… 2

　　1.2.2　按建筑的高度与层数分类 ………………………………… 3

　　1.2.3　按建筑所使用的材料分类 ………………………………… 3

　　1.2.4　按建筑的结构体系分类 …………………………………… 4

　　1.2.5　按建筑的规模和数量分类 ………………………………… 6

1.3　建筑的等级划分 ………………………………………………… 6

　　1.3.1　按耐久年限划分 …………………………………………… 6

　　1.3.2　按耐火等级划分 …………………………………………… 7

1.4　建筑物的分类、分级与建筑构造的关系 ……………………… 8

1.5　建筑物的构造组成 ……………………………………………… 8

1.6　建筑构造的影响因素和设计原则 ……………………………… 10

　　1.6.1　建筑构造的影响因素 ……………………………………… 10

　　1.6.2　建筑构造的设计原则 ……………………………………… 11

1.7　建筑模数 ………………………………………………………… 12

　　1.7.1　建筑模数概述 ……………………………………………… 12

　　1.7.2　建造构件尺寸 ……………………………………………… 15

　　1.7.3　定位轴线 …………………………………………………… 15

1.8　建筑设计的程序与要求 ………………………………………… 16

　　1.8.1　建筑设计的内容 …………………………………………… 16

　　1.8.2　设计程序 …………………………………………………… 17

1.9　建筑防火与安全疏散 …………………………………………… 20

1.10　建筑节能 ………………………………………………………… 22

第2章　地基与基础 ……………………………………………………………………………… 25

2.1　基础 ………………………………………………………………………………………… 25

2.1.1　地基与基础的概念 …………………………………………………………… 25

2.1.2　基础的埋置深度及影响因素 ………………………………………… 27

2.1.3　基础的类型与构造 …………………………………………………………… 29

2.2　地下室的类型与构造 …………………………………………………………………… 38

2.2.1　地下室类型 ………………………………………………………………………… 38

2.2.2　地下室的构造 …………………………………………………………………… 38

第3章　墙体 ……………………………………………………………………………………… 43

3.1　墙体的类型与要求 ……………………………………………………………………… 43

3.1.1　墙体的分类 ………………………………………………………………………… 43

3.1.2　墙体的设计要求 ……………………………………………………………… 45

3.2　墙体构造 …………………………………………………………………………………… 48

3.2.1　砖砌体墙构造 …………………………………………………………………… 48

3.2.2　砌块墙构造 ………………………………………………………………………… 62

3.3　隔墙构造 …………………………………………………………………………………… 64

3.3.1　块材隔墙 …………………………………………………………………………… 64

3.3.2　轻骨架隔墙 ………………………………………………………………………… 66

3.3.3　板材隔墙 …………………………………………………………………………… 68

3.4　幕墙构造 …………………………………………………………………………………… 71

3.4.1　幕墙材料 …………………………………………………………………………… 71

3.4.2　玻璃幕墙的构造 ……………………………………………………………… 72

3.5　墙面装修 …………………………………………………………………………………… 74

3.5.1　抹灰类 ………………………………………………………………………………… 75

3.5.2　涂料类 ………………………………………………………………………………… 78

3.5.3　贴面类 ………………………………………………………………………………… 79

3.5.4　裱糊类 ………………………………………………………………………………… 82

3.5.5　铺钉类 ………………………………………………………………………………… 82

第4章　楼地层 …………………………………………………………………………………… 83

4.1　楼板层的基本构成与分类 …………………………………………………………… 83

4.1.1　楼层的基本构成 ……………………………………………………………… 83

4.1.2　楼层的分类 ………………………………………………………………………… 84

4.1.3　楼板层的作用及其设计要求 ………………………………………… 84

4.2　现浇钢筋混凝土楼板 …………………………………………………………………… 85

　　　　4.2.1　现浇钢筋混凝土楼板类型 ·················· 85

　　　　4.2.2　楼板层的细部构造 ·························· 88

　　4.3　地坪构造·· 90

　　4.4　地面构造·· 91

　　4.5　阳台与雨篷构造···································· 99

　　　　4.5.1　阳台的分类及设计要求 ·················· 99

　　　　4.5.2　雨篷 ···································· 104

第 5 章　楼梯、坡道、电梯及自动扶梯 ······················ 105

　　5.1　楼梯 ·· 105

　　　　5.1.1　楼梯的种类 ···························· 105

　　　　5.1.2　楼梯的组成 ···························· 106

　　　　5.1.3　楼梯的尺度 ···························· 109

　　　　5.1.4　钢筋混凝土楼梯构造 ···················· 113

　　　　5.1.5　楼梯的细部构造 ························ 119

　　5.2　台阶和坡道 ······································ 126

　　　　5.2.1　台阶 ···································· 126

　　　　5.2.2　坡道 ···································· 128

　　5.3　电梯和自动扶梯 ·································· 129

　　　　5.3.1　电梯 ···································· 129

　　　　5.3.2　自动扶梯 ································ 132

第 6 章　门和窗·· 136

　　6.1　概述 ·· 136

　　　　6.1.1　门和窗的作用 ·························· 136

　　　　6.1.2　门和窗的尺寸 ·························· 136

　　　　6.1.3　门和窗的分类 ·························· 138

　　6.2　门和窗的构造 ···································· 142

　　　　6.2.1　门和窗的组成 ·························· 142

　　　　6.2.2　门的构造 ······························ 143

　　　　6.2.3　窗的构造 ······························ 148

　　　　6.2.4　门窗框的安装 ·························· 150

　　6.3　遮阳 ·· 152

　　　　6.3.1　建筑构造遮阳 ·························· 152

　　　　6.3.2　活动窗口外遮阳 ························ 153

　　　　6.3.3　其他形式遮阳 ·························· 154

第7章　屋顶……………………………………………………………………………… 156

　7.1　概述 ……………………………………………………………………………… 156

　　7.1.1　屋顶的作用和设计要求 ……………………………………………………… 156

　　7.1.2　屋顶的组成和形式 …………………………………………………………… 159

　　7.1.3　屋顶的坡度 …………………………………………………………………… 159

　7.2　平屋顶 …………………………………………………………………………… 161

　　7.2.1　平屋顶的组成与构造 ………………………………………………………… 161

　　7.2.2　平屋顶的细部构造 …………………………………………………………… 165

　7.3　平屋顶的排水与泛水 …………………………………………………………… 166

　　7.3.1　排水 …………………………………………………………………………… 166

　　7.3.2　泛水 …………………………………………………………………………… 168

　7.4　坡屋顶 …………………………………………………………………………… 169

　　7.4.1　坡屋顶的特点和组成 ………………………………………………………… 169

　　7.4.2　坡屋顶的支撑结构 …………………………………………………………… 170

　　7.4.3　坡屋顶的屋面构造 …………………………………………………………… 173

　　7.4.4　坡屋顶的细部构造 …………………………………………………………… 177

第8章　变形缝……………………………………………………………………………… 181

　8.1　变形缝的作用 …………………………………………………………………… 181

　8.2　伸缩缝构造 ……………………………………………………………………… 181

　　8.2.1　伸缩缝的设置要求 …………………………………………………………… 181

　　8.2.2　伸缩缝的构造要求 …………………………………………………………… 183

　8.3　沉降缝构造 ……………………………………………………………………… 186

　　8.3.1　沉降缝的设置要求 …………………………………………………………… 186

　　8.3.2　沉降缝的构造要求 …………………………………………………………… 187

　8.4　防震缝构造 ……………………………………………………………………… 188

　　8.4.1　防震缝的设置要求 …………………………………………………………… 189

　　8.4.2　防震缝的构造要求 …………………………………………………………… 190

　8.5　后浇带构造 ……………………………………………………………………… 191

第9章　工业建筑…………………………………………………………………………… 194

　9.1　概述 ……………………………………………………………………………… 194

　　9.1.1　工业建筑的特点 ……………………………………………………………… 194

　　9.1.2　工业建筑的分类 ……………………………………………………………… 194

　　9.1.3　单层工业厂房的结构体系 …………………………………………………… 196

　9.2　厂房内部的起重运输设备 ……………………………………………………… 197

　　　9.2.1　单轨悬挂式吊车 ·· 197

　　　9.2.2　梁式吊车 ·· 197

　　　9.2.3　桥式吊车 ·· 199

　9.3　装配式钢筋混凝土单层工业厂房 ··· 200

　　　9.3.1　单层工业厂房的结构组成 ·· 200

　　　9.3.2　单层工业厂房的主要结构构件 ··· 200

　9.4　钢结构厂房 ·· 209

　　　9.4.1　钢结构厂房的应用 ·· 209

　　　9.4.2　钢结构厂房的组成与构件 ·· 211

参考文献 ··· 215

二维码目录

CONTENTS

1-1 建筑物的构造组成 …………………… 9

2-1 基础埋置深度 …………………… 27
2-2 AR 交互 APP …………………… 33
2-3 基础的分类 …………………… 36

3-1 墙体的分类 …………………… 43
3-2 标准黏土砖 …………………… 48
3-3 墙身防潮 …………………… 51
3-4 混凝土过梁 …………………… 56
3-5 圈梁、构造柱 …………………… 59
3-6 墙墩 …………………… 62
3-7 轻骨架隔墙 …………………… 64

4-1 楼板层类型 …………………… 84
4-2 密肋式楼板层 …………………… 85
4-3 肋梁式楼板 …………………… 86
4-4 井格式楼板 …………………… 86
4-5 无梁式楼板 …………………… 86
4-6 压型钢板式楼板层 …………………… 87
4-7 混凝土楼地面防水 …………………… 89
4-8 阳台类型 …………………… 99
4-9 雨篷类型 …………………… 104

5-1 楼梯类型 …………………… 106
5-2 楼梯通行净高不足 …………………… 112
5-3 踏步和防滑条 …………………… 119
5-4 直行电梯与自动扶梯 …………………… 129

6-1 门的类型及组成构件 …………………… 138
6-2 门的安装方式 …………………… 143

6-3　窗的类型及组成构件 ……………………………………………… 150

7-1　屋顶类型 …………………………………………………………… 159

7-2　屋面柔性防水的细部构造 ………………………………………… 165

7-3　屋顶排水方式 ……………………………………………………… 167

8-1　伸缩缝、沉降缝、防震缝 ………………………………………… 181

9-1　钢筋混凝土单层工业厂房 ………………………………………… 200

9-2　钢结构工业厂房 …………………………………………………… 210

第 1 章

概　论

1.1　建筑及建筑的构成要素

　　一般来讲,建筑是建筑物与构筑物的通称,是人们为了满足社会生活需要,利用所掌握的物质技术手段,并运用一定的科学规律和美学法则创造的人工环境。其中,建筑物是指供人们在其中生产、生活或进行其他活动的房屋或场所,如工厂、住宅、学校、展览馆等;而构筑物有别于建筑物,它是指没有可供人们使用的内部空间,人们一般不直接在内进行生产和生活活动的建筑,如桥梁、水坝、雕塑、烟囱、电塔等。

　　从建筑的定义来看,构成建筑的基本要素是建筑功能、建筑技术和建筑形象,通称为建筑的三要素。

1. 建筑功能

　　所谓建筑功能,是指建筑在物质方面和精神方面的具体使用要求,即建筑的实用性,这是建筑的首要要素。人们建造房屋便有着明显的使用要素,不同的功能要求会产生不同的建筑类型,因而体现了建筑物的目的性,如住宅是为了满足生活起居的需要;工业厂房是为了满足工业生产的需要;商场是为了满足买卖交易的需要等。建筑功能是决定建筑形式的基本因素,建筑的结构材料、空间大小、相互间联系方式等,都应该满足建筑的功能要求。

2. 建筑技术

　　建筑技术是实现建筑功能的物质基础和技术手段,包括建筑结构与材料、建筑设备和施工器械、建筑施工技术等。其中,建筑结构和材料是构成建筑空间环境的骨架;建筑设备和施工器械是进行建筑活动的工具和手段;建筑施工技术则是实现建筑生产的过程和方法。例如,钢材、水泥和钢筋混凝土的出现,解决了现代大型建筑的大跨度和高层数的结构问题。现代各种新材料、新结构、新设备的不断出现,为满足越来越复杂的建筑功能要求创造了条件。

知识扩展:

　　本章依据《民用建筑设计通则》(GB 50352—2005)编写:

无障碍设施 accessibility facilities:

　　方便残疾人、老年人等行动不便或有视力障碍者使用的安全设施。

建筑基地 construction site:

　　根据用地性质和使用权属确定的建筑工程项目的使用场地。

建筑控制线 building line:

　　有关法规或详细规划确定的建筑物、构筑物的基底位置不得超出的界线。

3. 建筑形象

建筑形象是指建筑物通过建筑造型、立面式样、建筑色彩、材料质感、细部装饰等多方面的处理所形成的一种综合性的形象,体现其建筑艺术的美。好的建筑形象能给人以巨大的感染力,给人以精神上的满足和享受,如雄伟庄严、朴素大方、简洁明快、生动活泼、绚丽多姿等,所以建筑形象并不是可有可无的内容,常常与建筑性质、建筑特点、气候差别以及民族文化等密切相关。

作为一门艺术,建筑形象的设计又具有独立性,成为一种艺术形式。所以说,建筑物有两重属性:实用性是第一性;艺术性是第二性。

4. 建筑功能、建筑技术、建筑形象三者的关系

建筑功能、建筑技术和建筑形象三者是辩证统一的,不可分割,并相互制约。其中,建筑功能起主导作用;其次是建筑技术;而建筑形象是建筑功能和建筑技术的综合表现。

1.2　建筑的分类

随着人类文明的不断发展,人们建造了和正在建造着许多建筑物。在这些建筑物中,人们采用了多种多样的建筑材料,形成了大小高低不同、内部空间和外部造型千差万别、能满足人们生产、生活各个方面不同使用要求的建筑环境空间。下面主要从对建筑构造具有较多影响的几个方面,对建筑物的类型做一些介绍。

1.2.1　按建筑的使用功能分类

首先,按建筑物的用途和使用功能的不同,可把建筑物分为非生产性建筑和生产性建筑。

1. 非生产性建筑

非生产性建筑又称为民用建筑,即供人们居住和进行公共活动的建筑的总称,它又可以分为居住建筑和公共建筑两大类。

1) 居住建筑

居住建筑主要是指供人们日常居住生活使用的建筑物,如住宅、宿舍、公寓等。

2) 公共建筑

公共建筑主要是指供人们进行各种公共活动的建筑物,其中包括以下几类。

(1) 办公建筑,如写字楼、企事业单位的办公楼等。

(2) 商业建筑,如商场、购物中心等。

(3) 文教建筑,如学校、图书馆等。

知识扩展:

本章依据《民用建筑设计通则》(GB 50352—2005)编写:

3.1.1　民用建筑按使用功能可分为居住建筑和公共建筑两大类。

3.1.2　民用建筑按地上层数或高度分类划分应符合下列规定:

1　住宅建筑按层数分类:一层至三层为低层住宅,四层至六层为多层住宅,七层至九层为中高层住宅,十层及十层以上为高层住宅。

2　除住宅建筑之外的民用建筑高度不大于24m者为单层和多层建筑,大于24m者为高层建筑(不包括建筑高度大于24m的单层公共建筑)。

3　建筑高度大于100m的民用建筑为超高层建筑。

注:本条建筑层数和建筑高度计算应符合防火规范的有关规定。

3.1.3　民用建筑等级分类划分应符合有关标准或行业主管部门的规定。

(4) 科研建筑,如研究所、科学实验楼等。

(5) 医疗建筑,如医院、卫生所等。

(6) 交通建筑,如机场、火车站、汽车站等。

(7) 通信建筑,如广播电视台、邮电局等。

(8) 体育建筑,如体育馆、体育场等。

(9) 园林建筑,如公园、动物园、植物园等。

2. 生产性建筑

生产性建筑则指为满足人们进行各种产品的生产活动而建造的建筑物,主要包括各种类型的工业建筑以及进行农副业生产活动的农业建筑。

1) 工业建筑

工业建筑是指人们从事工业生产活动的各类建筑,如生产车间、辅助车间、动力用房、仓储建筑等。

2) 农业建筑

农业建筑是指用于农牧业生产和加工的建筑,如粮仓、塑料大棚、畜禽饲养场、农机修理站等。

1.2.2 按建筑的高度与层数分类

人们经常根据建筑物高度的不同对建筑物进行分类,如高层建筑、低层建筑等。有时,当某一类型的建筑物的层高变化不大时,为方便直观,也代之以按层数对建筑物进行分类(如一般居住建筑)。目前采用的分类方法如下。

住宅建筑:1~3层为低层,4~6层为多层,7~9层为中高层,10层及10层以上为高层。

公共建筑及综合性建筑:总高度超过24m为高层,总高度不超过24m为多层。

超高层建筑:当建筑总高度超过100m时,不论是住宅还是公共建筑均为超高层建筑。

工业建筑(厂房):一般分为单层厂房、多层厂房、高层厂房及混合层数的厂房。其分类方法与公共建筑及综合性建筑相同。

1.2.3 按建筑所使用的材料分类

建筑物要承受各种各样的荷载作用,其中起承载作用的系统称为结构。建筑结构常采用的材料有砖石材料、木材、钢筋混凝土材料、钢材等。各种结构材料的物理力学性能不尽相同,根据建筑结构各个部位的受力特征的不同,在结构材料的选择上就要有所侧重。以下几种为比较常见的类型。

知识扩展:

本章依据《民用建筑设计通则》(GB 50352—2005)编写:

4.3.1 建筑高度不应危害公共空间安全、卫生和景观,下列地区应实行建筑高度控制:

1 对建筑高度有特别要求的地区,应按城市规划要求控制建筑高度;

2 沿城市道路的建筑物,应根据道路的宽度控制建筑裙楼和主体塔楼的高度;

3 机场、电台、电信、微波通信、气象台、卫星地面站、军事要塞工程等周围的建筑,当其处在各种技术作业控制区范围内时,应按净空要求控制建筑高度。

注:建筑高度控制尚应符合当地城市规划行政主管部门和有关专业部门的规定。

1. 木结构

木结构是用木材制成的结构。木材是一种取材容易、加工简便的结构材料，其自重较轻，便于运输、拆装，能多次使用，故常用于房屋建筑中。另外，用木材和其他材料共同作为承重材料，又形成以砖墙、木楼层和木屋架建造的房屋。这种结构是我国传统建筑的主要结构形式，但由于其在防潮、防火、防腐等方面具有一定的缺陷，在现代建筑中已很少采用。

2. 砖混结构

砖混结构，也称为混合结构。这种结构的墙体采用砖石材料（黏土砖、石材等），楼板采用钢筋混凝土材料；屋顶结构层采用钢筋混凝土板或钢、木、钢筋混凝土屋架等。近年来，为了减少烧制黏土砖对耕地资源的消耗，我国许多地区已开始逐渐以非黏土材料的空心承重砌块取代黏土砖。因此，也把包括采用黏土砖、石材以及各类空心承重砌块建造墙体的结构统称为砌体结构。通常砌体的抗压强度较高而抗拉强度很低，因此，砌体结构构件主要承受轴心或小偏心压力，而很少受拉或受弯，一般多用于民用建筑和小型工业厂房中。

3. 钢筋混凝土结构

钢筋混凝土结构是指用配有钢筋增强的混凝土制成的结构。这种结构的特点是，整个结构系统的全部构件（如基础、柱、墙、楼板结构层、屋顶结构层、楼梯构件等）均采用钢筋混凝土材料。因钢筋承受拉力，混凝土承受压力，所以钢筋混凝土结构坚固、耐久，且防火性能好。其承载能力及结构整体性均高于砌体结构，能比砌体结构建造更高的建筑物，故这种结构类型应用范围极广，各种工程结构都可采用。除了主要用于大型公共建筑、高层建筑和工业建筑，钢筋混凝土结构在反应堆压力容器、海洋平台等一些特殊场合中均得到了十分有效的应用。

4. 钢结构

钢结构是由钢制材料组成的结构，是主要的建筑结构类型之一。钢结构具有自重轻、强度大、弹性好且施工简便等优点，所以广泛应用于大型厂房、场馆、超高层建筑等领域。

1.2.4　按建筑的结构体系分类

建筑物的使用功能不同，建筑物的室内空间就会有完全不同的空间特征。例如，居住建筑可用墙体分隔成不大的使用空间；大型商业建筑则靠规则排列的柱子支承起宽敞的购物空间；而体育馆、影剧院建筑中，高大宽敞的观众大厅中间则不允许出现柱子等。这些完全迥异的室内空间特征就需要使用不同承载方式的结构才能得以实现。建筑结构的承载方式主要有以下几种。

1. 墙承重结构

墙承重结构是以墙体、钢筋混凝土梁板等构件承受楼板及屋顶传来的全部荷载的承重结构体系。砖木结构、砌体结构建筑都属于这一类。钢筋混凝土结构中也有部分建筑采用墙承重方式。图 1-1 所示为施工中的墙承重结构建筑。

图 1-1　墙承重结构

2. 框架结构

框架结构是指由梁和柱组成框架共同抵抗使用过程中出现的水平荷载和竖向荷载的承重结构体系，如图 1-2 所示。最常用的是钢筋混凝土结构或钢结构组成框架，用于大跨度的建筑、荷载大的建筑及高层建筑。框架结构的房屋墙体不承重，只起围护作用，一般用预制的加气混凝土、空心砖或多孔砖等轻质板材砌筑或装配而成。

图 1-2　框架结构

3. 空间结构

用空间构架或结构承受荷载的建筑，称为空间结构建筑，包括悬索、网架、壳体等形式，如图 1-3 所示。空间结构经设计组织成空间传力的系统，可使其构件材料的力学性能得到充分发挥，达到节省用料、减轻结构自重和扩大覆盖面积的目的,并最大限度地发挥结构系统的整体效能。这种结构常用于需要大面积覆盖的建筑物的屋盖部分,如航空港、体育场馆、展览馆、大型仓库等。

图 1-3　空间结构

知识扩展:

本章依据《民用建筑设计通则》(GB 50352—2005)编写:

一类:设计使用年限为 5 年,适用于临时性建筑。

二类:设计使用年限为 25 年,适用于易于替换结构构件的建筑。

三类:设计使用年限为 50 年,适用于普通建筑和构筑物。

四类:设计使用年限为 100 年,适用于纪念性建筑和特别重要的建筑。

1.2.5　按建筑的规模和数量分类

1. 大量性建筑

大量性建筑是指单体建筑规模不大,但量大面广,与人们生活密切相关的那些建筑,如住宅、医院、学校、商店等。

2. 大型性建筑

大型性建筑是指建筑规模大、耗资多的建筑,如火车站、航空港、大型体育馆、博物馆、大型工厂等。与大量性建筑比起来,其修建量是有限的,但这类建筑对城市面貌影响较大。

1.3　建筑的等级划分

不同用途、不同规模的建筑物,其重要性程度,以及若发生问题可能会出现的潜在后果的影响面和严重程度也就不同,考虑到经济性、安全性等诸多因素,有必要对建筑物按耐久年限和耐火程度进行分级。

1.3.1　按耐久年限划分

民用建筑的合理使用年限主要是指建筑主体结构设计使用年限,是根据建筑物的使用性质、规模和重要程度来划分的。《民用建筑设计通则》(GB 50352—2005)将建筑使用年限分为以下四类:

一类　设计使用年限为 5 年,适用于临时性建筑;

二类 设计使用年限为 25 年,适用于易于替换结构构件的建筑;

三类 设计使用年限为 50 年,适用于普通建筑和构筑物;

四类 设计使用年限为 100 年,适用于纪念性建筑和特别重要的建筑。

1.3.2 按耐火等级划分

《建筑设计防火规范》(GB 50016—2014)将民用建筑的耐火等级分为四级,主要取决于建筑物的重要性,和其在使用中的火灾危险性,以及由建筑物的规模(主要指建筑物的层数)导致的一旦发生火灾时人员疏散及扑救火灾的难易程度上的差别。当建筑物的耐火等级确定之后,不同耐火等级的民用建筑相应构件的燃烧性能和耐火极限便相应确定,其不应低于《建筑设计防火规范》(GB 50016—2014)的规定,如表 1-1 所示。

表 1-1 不同耐火等级的民用建筑相应构件的燃烧性能与耐火极限

构件名称		耐火等级			
		一级	二级	三级	四级
墙	防火墙	不燃性 3.00	不燃性 3.00	不燃性 3.00	不燃性 3.00
	承重墙	不燃性 3.00	不燃性 2.50	不燃性 2.00	不燃性 0.50
	非承重墙	不燃性 1.00	不燃性 1.00	不燃性 0.50	可燃性
	楼梯间和前室的墙、电梯井的墙、住宅单元之间的墙和分户墙	不燃性 2.00	不燃性 2.00	不燃性 1.50	难燃性 0.50
	疏散走道两侧的隔墙	不燃性 1.00	不燃性 1.00	不燃性 0.50	难燃性 0.25
	房间隔墙	不燃性 0.75	不燃性 0.50	难燃性 0.50	难燃性 0.25
柱		不燃性 3.00	不燃性 2.50	不燃性 2.00	难燃性 0.50
梁		不燃性 2.00	不燃性 1.50	不燃性 1.00	难燃性 0.50
楼板		不燃性 1.50	不燃性 1.00	可燃性 0.50	可燃性
屋顶承重构件		不燃性 1.50	不燃性 1.00	可燃性 0.50	可燃性
疏散楼梯		不燃性 1.50	不燃性 1.00	不燃性 0.50	可燃性
吊顶(包括吊顶格栅)		不燃性 0.25	难燃性 0.25	难燃性 0.15	可燃性

注:
1. 除本规范另有规定外,以木柱承重且墙体不燃性材料的建筑,其耐火等级应按四级确定。
2. 住宅建筑构件的耐火极限和燃烧性能可按现行国家标准《住宅建筑规范》(GB 50368—2005)的规定执行。

从表 1-1 可知,构件的燃烧性能分为三类,即不燃性、难燃性和可燃性。

其中,不燃性构件是指用不燃烧材料做成的建筑构件。不燃烧材料是指在空气中受到火烧或高温作用时不起火、不微燃、不炭化的材料,如无机矿物材料和金属材料等,包括砖、石材、混凝土、钢材等。

难燃性构件是指用难燃烧材料做成的建筑构件,或用燃烧材料做成而用不燃烧材料做保护层的建筑构件。难燃烧材料是指在空气中受到火烧或高温作用时难起火、难燃烧、难碳化,当火源移走后燃烧或微燃立即停止的材料,如沥青混凝土、水泥刨花板、经过防火处理的木材等。

可燃性构件指用燃烧材料做成的建筑构件。燃烧材料是指在空气中受到火烧或高温作用时立即起火或燃烧,且火源移走后仍继续燃烧或微燃的材料,如木材。

构件的耐火极限是建筑构件对火灾的耐受能力的时间表达。其定义如下:建筑构件按时间-温度标准曲线进行耐火试验,从受到火的作用时起,到失去支持能力或完整性被破坏或失去隔火作用时止的这段时间,用小时表示。

1.4　建筑物的分类、分级与建筑构造的关系

建筑物的类型不同,耐久年限和耐火等级不同,都直接影响和决定着建筑构造方式的不同。例如,当建筑物的用途、高度和层数不同时,就应采用不同的结构体系和结构材料来建造,建筑物的抗震构造措施也会有明显的不同;建筑物的耐火等级不同时,就应相应地采用不同燃烧性能和耐火极限的建筑材料,其构造方法也就会有所差异。因此,可以说,建筑物的分类和分级及其相应的标准,是建筑设计从方案构思直至构造设计整个过程中非常重要的设计依据。

1.5　建筑物的构造组成

一般建筑物由基础、墙或柱、楼地层、楼梯、屋顶和门窗六大部分组成的,它们在不同的部位发挥着各自的作用。建筑物的构造组成如图 1-4 所示。

1. 基础

基础是建筑底部与地基接触的承重构件,承受着建筑物的全部荷载,并将这些荷载传给地基。基础是建筑物的重要组成部分,应该坚固、稳定,能够经受冰冻和地下水及其他化学物质的侵蚀。

2. 墙或柱

在墙承重的建筑中,墙体既是承重构件,又是围护构件。作为承重

知识扩展:

本章依据《建筑设计防火规范》(GB 50016—2014)编写:

5.1.5　一、二级耐火等级建筑的屋面板应采用不燃材料。

屋面防水层宜采用不燃、难燃材料,当采用可燃防水材料且铺设在可燃、难燃保温材料上时,防水材料或可燃、难燃保温材料应采用不燃材料作防护层。

5.1.6　二级耐火等级建筑内采用难燃性墙体的房间隔墙,其耐火极限不应低于 0.75h;当房间的建筑面积不大于 $100m^2$ 时,房间隔墙可采用耐火极限不低于 0.50h 的难燃性墙体或耐火极限不低于 0.30h 的不燃性墙体。

二级耐火等级多层住宅建筑内采用预应力钢筋混凝土的楼板,其耐火极限不应低于 0.75h。

5.1.7　建筑中的非承重外墙、房间隔墙和屋面板,当确需采用金属夹芯板材时,其芯材应为不燃材料,且耐火极限应符合本规范有关规定。

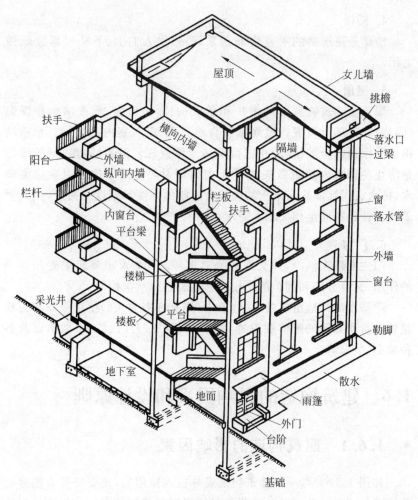

图 1-4 建筑物的构造组成

构件,它承受着建筑物由屋顶及各楼层传来的荷载,并将这些荷载传给基础;作为围护构件,外墙起着抵御各种自然因素对室内侵袭的作用,内墙起着分隔房间的作用。柱是纵向承重构件,当用柱作为建筑物的承重构件时,填充在柱间的墙仅起围护作用。墙或柱应该坚固、稳定,墙还应具有保温(隔热)、隔声和防水的功能。

1-1 建筑物的构造组成

3. 楼地层

楼地层既是建筑物中水平方向的承重构件,又是分隔楼层空间的围护构件,有楼板层和地面之分。楼板层承受着家具、设备和人的重力,把这些荷载传给墙或柱,并对墙体起着水平支承的作用,同时楼板层按房间层高将整个建筑空间分为若干部分。地面又称地坪,直接承受各种使用荷载,楼层把荷载传给楼板,在首层把荷载传给它下面的土层——地基。楼地层应具有一定的强度和刚度,并应耐磨和有一定隔声性能。

4. 楼梯

楼梯是建筑物的垂直交通联系设施,供人们上、下楼层紧急疏散之用。

5. 屋顶

屋顶是建筑物顶部的围护和承重构件,由屋面、承重结构和保温(隔热)层三部分组成。屋面抵御自然界雨、雪对室内的影响。承重结构承受屋顶的全部荷载,并把荷载传给墙或柱。保温(隔热)层的作用是防止冬季室内热量散失或夏天太阳辐射热进入室内。屋顶应能防水、排水、保温(隔热),承重结构应有足够的强度和刚度。另外,上人屋面的设计还需满足相关承重需求。

6. 门窗

门主要供人们内、外交通和隔离房间之用;窗主要起采光和通风的作用,又有分隔和围护的作用。它们都是非承重构件。

除基本的构造组成外,在建筑中,还有许多为人们使用服务和为建筑物本身所必需的配件和设施,如阳台、雨篷、台阶、坡道、散水以及各种饰面、装修等。

1.6   建筑构造的影响因素和设计原则

1.6.1   建筑构造的影响因素

如图 1-5 所示,一幢建筑物建成并投入使用后,还要经受自然界各种因素的考验。为了减少外界各种因素对建筑物的影响和提高抵御能力,以便延长建筑物的使用寿命,更好地满足使用功能的要求,在进行建筑构造设计时,必须充分考虑各种因素对它的影响,以便根据影响程度提供合理的构造方案。影响建筑构造的因素大致可分为以下几个方面。

图 1-5   自然环境与人为因素对建筑物的影响

1. 自然气候条件的影响

气候条件如风雪、雨淋、日晒、冰冻以及水文地质情况等对建筑构造的影响很大。为防止这些因素对建筑物产生损害,在构造设计时,要充分考虑这些因素,制定如防水防潮、防火隔热、保温、防温度变形、防震等措施。

2. 外力的影响

外力是指作用在建筑物上的各种力,统称为荷载。荷载有恒荷载和活荷载之分。恒荷载指建筑物的自重,活荷载是作用在建筑物上的其他荷载,如人、家具、风力、地震力以及雨、雪荷载等。荷载的大小是建筑物结构设计的重要依据,它决定建筑物的用料多少和构件尺寸。所以在确定建筑物构造方案时,必须考虑外力的影响。

3. 人为因素的影响

人为因素的影响是指如机械振动、噪声、化学腐蚀等对建筑物的影响。对此,也应在建筑构造上采取相应的措施。例如,为了防止噪声干扰,必须考虑墙体的隔声问题;为了防止化学物质或废气的腐蚀,应对建筑物的有关部分进行防腐处理等。

4. 物质技术条件的影响

物质技术条件是指建筑材料、结构、设备和施工技术等,建筑构造受它们的影响和制约。随着建筑业的发展,新材料、新结构、新设备以及新的施工工艺的出现,导致建筑构造需要解决的问题越来越多、越来越复杂。

5. 经济条件的影响

经济条件主要是指特定建筑的造价要求对建筑装修标准和建筑构造的影响。在确保工程质量的前提下,既要降低建造过程中的材料、能源和劳动力消耗,以降低造价,又要有利于降低使用过程中的维护和管理费用。同时,在设计过程中,要根据建筑物的不同等级和质量标准,在材料选择和构造方式上区别对待。

1.6.2　建筑构造的设计原则

在充分考虑影响建筑构造的诸多因素的同时,在设计时,还应综合各项因素,分清主次和轻重,权衡利弊,遵循以下设计原则。

1. 坚固适用

坚固意味着在结构上要具有安全性,构件与连接要经久耐用;适用是要满足建筑的使用要求,如北方地区要求建筑在冬季能保温,南方地区则要求建筑能通风、隔热;对于有良好声环境要求的建筑物,则要考虑吸声、隔声等要求。总之,为了满足使用功能需要,在构造设计时,必须综合有关技术知识进行合理的设计,以便选择、确定最经济合理的构造方案。

知识扩展:

　　本章依据《建筑模数协调统一标准》(GBJ 2—1986)编写:

第2.1.1条　基本模数的数值应为100mm,其符号为 M,即 1M 等于100mm。整个建筑物和建筑物的一部分以及建筑组合件的模数化尺寸,应是基本模数的倍数。

第2.1.2条　导出模数应分为扩大模数和分模数,其基数应符合下列规定:

　　一、水平扩大模数基数为 3M、6M、12M、15M、30M、60M,其相应的尺寸分别为 300mm、600mm、1200mm、1500mm、3000mm、6000mm;竖向扩大模数的基数为 3M 与 6M,其相应的尺寸为300mm 和 600mm。

　　二、分模数基数为1/10M、1/5M、1/2M、其相应的尺寸为 10mm、20mm、50mm。

第2.1.3条　不同类型的建筑物及其各组成部分间的尺寸统一与协调,应减少尺寸的范围,以及使尺寸的叠加和分割有较大的灵活性。

2. 技术适宜

技术适宜是指建筑构造设计应该从地域技术条件出发,在引入先进技术的同时,必须注意因地制宜,综合考虑技术的先进性和可行性,根据具体条件选择最合理的设计方案。

3. 经济合理

在构造设计中,处处都应该注意经济效益问题。既要注意降低建筑造价,减少材料和能源消耗;又要有利于降低经济运行成本及维修和管理的费用,从而在保证质量的前提下降低造价。

4. 美观大方

美观大方是指构造方案的处理要考虑其造型、尺度、质感、色彩等艺术和美观问题,注意局部与整体的关系,注意细部的美学表达。

1.7　建筑模数

为了在建筑设计、构配件生产以及建筑施工等方面做到尺寸协调,提高建筑工业化的水平,使不同材料、不同形式和不同制造方法的建筑构配件、组合件符合模数,并具有较大的通用性和互换性,以降低造价,提高建筑设计和建造的速度、质量和效率,建筑设计应采用国家规定的各类建筑模数协调的规范和标准进行。这些规范和标准主要有《建筑模数协调统一标准》(GBJ 2—1986)、《厂房建筑模数协调标准》(GBJ 6—1986)、《住宅建筑模数协调标准》(GBJ 100—1987)、《建筑楼梯模数协调标准》(GBJ 101—1987)等。这里主要介绍《建筑模数协调统一标准》(GBJ 2—1986)的有关内容。

1.7.1　建筑模数概述

建筑模数是选定的标准尺度单位,作为建筑物、建筑构配件、建筑制品以及有关设备尺寸相互协调时的增值单位,是建筑物、建筑构配件、建筑制品及有关设备等尺寸相互协调的基础。

1. 基本模数

基本模数是模数协调中选用的基本尺寸单位,其数值为100mm,用符号 M 表示,即1M＝100mm。建筑物和建筑部件以及建筑组合件的模数化尺寸应是基本模数的倍数。基本模数主要用于建筑的层高、门窗洞口和构配件截面。目前世界上绝大部分国家均采用100mm 为基本模数值。

2. 导出模数

导出模数包括扩大模数和分模数,其基数应符合下列规定。

知识扩展:

本章依据《建筑模数协调统一标准》(GBJ 2—1986)编写:

第2.2.1条　水平基本模数应为1M。1M 数列应按100mm 进级,其幅度应由1M 至20M。

第2.2.2条　竖向基本模数应为1M。1M 数列应按100mm 进级,其幅度应由1M 至36M。

第2.2.3条　水平扩大模数的幅度,应符合下列规定:

一、3M 数列按300mm 进级,其幅度应由3M 至75M;

二、6M 数列按600mm 进级,其幅度应由6M 至96M;

三、12M 数列按1200mm 进级,其幅度应由12M 至120M;

四、15M 数列按1500mm 进级,其幅度应由15M 至120M;

五、30M 数列按3000mm 进级,其幅度应由30M 至360M;

六、60M 数列按6000mm 进级,其幅度应由60M 至360M 等,必要时幅度不限制。

1）扩大模数

扩大模数是基本模数的整数倍数。水平扩大模数基数为3M、6M、12M、15M、30M、60M，其相应的尺寸分别是 300mm、600mm、1200mm、1500mm、3000mm、6000mm；竖向扩大模数基数为3M、6M，其相应的尺寸分别是 300mm、600mm。

扩大模数主要用于建筑的开间或柱距、进深或跨度、层高、门窗洞口和构配件截面尺寸。

2）分模数

分模数是指基本模数的分数值。分模数基数共三个：1/10M、1/5M、1/2M，其相应的尺寸分别是 10mm、20mm、50mm。分模数主要用于建筑的缝隙、构造节点和构配件截面。

3. 模数数列

表1-2为模数数列，它可以使不同类型的建筑物及其各组成部分之间的尺寸统一与协调，减少尺寸范围，并使尺寸的叠加和分割有较大的灵活性。

表 1-2　模数数列　　　　　　mm

基本模数	扩大模数						分模数		
1M	3M	6M	12M	15M	30M	60M	$\frac{1}{10}$M	$\frac{1}{5}$M	$\frac{1}{2}$M
100	300	600	1200	1500	3000	6000	10	20	50
100	300						10		
200	600	600					20	20	
300	900						30		
400	1200	1200	1200				40	40	
500	1500			1500			50		50
600	1800	1800					60	60	
700	2100						70		
800	2400	2400	2400				80	80	
900	2700						90		
1000	3000	3000		3000	3000		100	100	100
1100	3300						110		
1200	3600	3600	3600				120	120	
1300	3900						130		
1400	4200	4200					140	140	
1500	4500			4500			150		150
1600	4800	4800	4800				160	160	
1700	5100						170		
1800	5400	5400					180	180	
1900	5700						190		
2000	6000	6000	6000	6000	6000	6000	200	200	200

续表

基本模数	扩大模数						分模数		
1M	3M	6M	12M	15M	30M	60M	$\frac{1}{10}$M	$\frac{1}{5}$M	$\frac{1}{2}$M
2100	6300								
2200	6600	6600						220	
2300	6900								
2400	7200	7200	7200					240	
2500	7500			7500					250
2600		7800						260	
2700									
2800		8400	8400					280	
2900									
3000		9000		9000	9000			300	300
3100									
3200		9600	9600					320	
3300									
3400								340	
3500				10500					350
3600			10800					360	
4000			12000	12000	12000	12000		400	400

模数数列是以基本模数、扩大模数、分模数为基础扩展而形成的一系列尺寸，每一模数基数所展开的模数数列都有一定幅度上的限制，其进级单位就是该模数基数相应的尺寸。例如，1M 数列应按 100mm 进级，3M 数列按 300mm 进级，1/10M 数列按 10mm 进级，以上数列有各自的适用范围。

1) 基本模数的幅度

水平基本模数 1M 数列按 100mm 进级，幅度为 1～20M，主要用于门窗洞口和构配件截面等处。

竖向基本模数 1M 数列按 100mm 进级，幅度为 1～36M，主要用于建筑物的层高、门窗洞口和构配件截面等处。

2) 扩大模数数列的幅度

3M 数列按 300mm 进级，幅度为 3～75M，用于竖向尺寸时不限制幅度。

6M 数列按 600mm 进级，幅度为 6～96M，用于竖向尺寸时不限制幅度。

15M 数列按 1500mm 进级，幅度为 15～120M。

30M 数列按 3000mm 进级，幅度为 30～360M。

60M 数列按 6000mm 进级，幅度为 60～360M，必要时不限制幅度。

这些模数数列主要用于建筑物的开间或柱距、进深或跨度、构配件尺寸和门窗洞口等处。竖向扩大模数 3M 数列和 6M 数列均不限制幅度,主要用于建筑物的高度,层高和门窗洞口等处。

3）分模数数列的幅度

1/10M 数列按 10mm 进级,幅度为 1/10～2M。

1/5M 数列按 20mm 进级,幅度为 1/5～4M。

1/2M 数列按 50mm 进级,幅度为 1/2～10M。

以上数列主要用于缝隙、构造节点、构配件截面等处。

1.7.2 建造构件尺寸

为了保证建筑物构配件的安装与有关尺寸间的相互协调,《建筑模数协调统一标准》(GBJ 2—1986)规定了标志尺寸、构造尺寸、实际尺寸及其相互间的关系。

1. 标志尺寸

标志尺寸应符合模数数列的规定,用以标注建筑物定位轴线、定位线之间的垂直距离,如开间或柱距、进深或跨度、层高等,以及建筑构配件、建筑组合件、建筑制品及有关设备界限之间的尺寸。

2. 构造尺寸

构造尺寸是指建筑构配件、建筑组合件、建筑制品等的设计尺寸。一般情况下,标志尺寸减去或加上缝隙为构造尺寸,如图 1-6 所示。

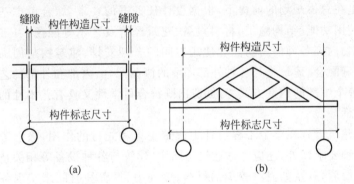

图 1-6 建筑构件尺寸的相互关系
(a) 标志尺寸大于构造尺寸;(b) 构造尺寸大于标志尺寸

3. 实际尺寸

实际尺寸是指建筑构配件、建筑组合件、建筑制品等生产制作后的实际尺寸。实际尺寸与构造尺寸之间的差数应符合建筑公差的规定。

1.7.3 定位轴线

定位轴线是用以确定主要结构位置的线,如确定建筑的开间或柱

知识扩展:

本章依据《建筑设计防火规范》(GB 50016—2014)编写:

5.5.1 民用建筑应根据其建筑高度、规模、使用功能和耐火等级等因素合理设置安全疏散和避难设施。安全出口和疏散门的位置、数量、宽度及疏散楼梯间的形式,应满足人员安全疏散的要求。

5.5.2 建筑内的安全出口和疏散门应分散布置,且建筑内每个防火分区或一个防火分区的每个楼层、每个住宅单元每层相邻两个安全出口以及每个房间相邻两个疏散门最近边缘之间的水平距离不应小于5m。

5.5.3 建筑的楼梯间宜通至屋面,通向屋面的门或窗应向外开启。

5.5.4 自动扶梯和电梯不应计作安全疏散设施。

距,进深或跨度的线。除定位轴线以外的网格线均称为定位线,它用于确定模数化构件尺寸。

模数化网格可以采用单轴线定位、双轴线定位,或二者兼用,应根据建筑设计、施工及构件生产等条件综合确定,连续的模数化网格可采用单轴线定位。当模数化网格需加间隔而产生中间区时,可采用双轴线定位。

1.8　建筑设计的程序与要求

1.8.1　建筑设计的内容

从拟定计划到建成使用,每一项工程都要通过编制工程设计任务书、选择建设用地、场地勘测、设计、施工、工程验收及交付使用等阶段。设计工作是其中的必要环节,具有较强的政策性和综合性。

建筑工程设计是指设计一个建筑物或建筑群所要做的全部工作,一般包括建筑设计、结构设计、设备设计等方面的内容。习惯上人们常将以上三个部分统称为建筑工程设计,确切地说,建筑设计是指建筑工程设计中建筑师承担的建筑工程这一部分的设计工作。

1. 建筑设计

建筑设计包括总体设计和个体设计两个方面,一般由建筑师来完成,是在总体规划的前提下,根据设计任务书的要求,综合考虑基地环境、使用功能、结构施工、材料设备、建筑经济及艺术等问题,着重解决建筑物内部各种使用功能和使用空间的合理安排、建筑物与周围环境的协调配合、建筑物与各种外部环境的协调配合、内部和外部的艺术效果、各个细部的构造方式等,创造出既符合科学性又具有艺术性的生产和生活环境。

建筑设计在整个工程设计中起着主导和先行的作用,除应考虑上述各种要求以外,还应考虑建筑与结构、建筑与各种设备等相关技术的综合协调,以及如何以较少的材料、劳动力、投资和时间来实现各种要求,使建筑物适用、经济、坚固、美观。

2. 结构设计

结构设计主要是根据建筑设计选择切实可行的结构方案进行结构计算及构件设计、结构布置及构造设计等,一般由结构工程师来完成。

3. 设备设计

设备设计主要包括给排水、电路照明、通信、采暖通风、动力等方面的设计,由相关的设备工程师配合建筑设计来完成。

以上几方面的工作既有分工,又密切配合,成为一个整体。将各专业设计的图纸、计算书、说明书及预算书汇总,就构成了一个建筑工程

知识扩展:

本章依据《建筑设计防火规范》(GB 50016—2014)编写:

5.5.5　除人员密集场所外,建筑面积不大于500m²、使用人数不超过30人且埋深不大于10m的地下或半地下建筑(室),当需要设置2个安全出口时,其中1个安全出口可利用直通室外的金属竖向梯。

除歌舞娱乐放映游艺场所外,防火分区建筑面积不大于200m²的地下或半地下设备间、防火分区建筑面积不大于50m²且经常停留人数不超过15人的其他地下或半地下建筑(室),可设置1个安全出口或1部疏散楼梯。

除本规范另有规定外,建筑面积不大于200m²的地下或半地下设备间、建筑面积不大于50m²且经常停留人数不超过15人的其他地下或半地下房间,可设置1个疏散门。

除本规范另有规定外,建筑面积不大于200m²的地下或半地下设备间、建筑面积不大于50m²且经常停留人数不超过15人的其他地下或半地下房间,可设置1个疏散门。

的完整文件,可作为建筑工程施工的依据。

1.8.2 设计程序

1. 设计前的准备工作

建筑设计是一项复杂而细致的工作,涉及的学科较多,同时要受到各种客观条件的制约。为了保证设计质量,设计前必须做好充分准备,包括熟悉设计任务书的要求、进行广泛深入的调查研究、收集必要的设计基础资料等方面的工作。

1)核实设计任务

建设单位必须具有上级主管部门对建设项目的批准文件和城市规划管理部门的设计批文才可以向设计单位办理委托设计手续。

2)熟悉设计任务书

设计任务书是指建设单位经上级主管部门批准提供给设计单位的依据性文件,一般包括以下内容。

➤ 建设项目总要求、用途、规模及说明。

➤ 建设项目的组成,单项工程的面积、房间组成、面积分配及使用要求。

➤ 建设项目的总投资及单方造价,土建设备及室外工程的投资比例。

➤ 建设基地大小、形状、地形、原有建筑及道路现状,并附有地形图。

➤ 供电、供水、采暖及空调等设备方面的要求,并附有水源、电源的使用许可文件。

➤ 设计期限及项目建设进度计划安排要求。

设计人员在熟悉设计任务书,并作深入调查和分析以后,可以对任务书中某些内容提出补充和修改,但必须征得建设单位的同意。

3)调查研究、收集资料

除设计任务书提供的资料外,还应当收集以下设计资料和原始数据。

➤ 建设地区的气象、水文地质资料,如地下水位、地基承载力等。

➤ 地基环境及城市规划要求,如建筑高度、后退红线、环境要求等。

➤ 了解建筑材料供应和结构施工等技术条件,如地方材料的种类、规格、价格、施工单位的技术力量、构件预制能力、起重运输设备条件。

➤ 询问使用单位对建筑物的使用要求,调查同类建筑在使用中出现的情况,通过分析和总结,全面掌握所设计建筑物的特点和要求。

➤ 收集与项目设计有关的定额指标,了解当地文化传统、生活习惯

知识扩展:

本章依据《建筑设计防火规范》(GB 50016—2014)编写:

5.5.6 直通建筑内附设汽车库的电梯,应在汽车库部分设置电梯候梯厅,并应采用耐火极限不低于2.00h的防火隔墙和乙级防火门与汽车库分隔。

5.5.7 高层建筑直通室外的安全出口上方,应设置挑出宽度不小于1.0m的防护挑檐。

5.5.8 公共建筑内每个防火分区或一个防火分区的每个楼层,其安全出口的数量应经计算确定,且不应少于2个。符合下列条件之一的公共建筑,可设置1个安全出口或1部疏散楼梯:

除托儿所、幼儿园外,建筑面积不大于200m²且人数不超过50人的单层公共建筑或多层公共建筑的首层。

及风土人情;并做好现场勘查,了解现场情况。考虑拟建筑房屋位置的选择、总平面布局的功能性和合理性。

2. 设计阶段的划分

建筑设计过程按工程复杂程度、规模大小和审批要求,可划分为不同的设计阶段,一般分为两阶段设计或三阶段设计。

两阶段设计是指初步设计和施工图设计两个阶段,一般的工程多采用两阶段设计。对于大型民用建筑或技术复杂的项目,可采用三阶段设计,即初步设计、技术设计和施工图设计。

1) 初步设计阶段

(1) 任务与要求。

初步设计是供主管部门审批而提供的文件,也是技术设计和施工图设计的依据。初步设计阶段的任务是提出设计方案,即根据设计任务书的要求和收集到的必要基础资料,结合基地环境,综合考虑技术经济条件和建筑艺术的要求,对建筑总体布置、空间组合进行可能与合理的安排,提出两个或多个方案供建设单位选择。在已确定的方案的基础上,进一步充实完善,综合成为较理想的方案,并编制初步设计供主管部门审批。

初步设计的具体要求如下:

> 初步设计应确定建筑物的位置及组合方式,确定结构类型方案,选定建筑材料、各种设备系统的选型,以及说明设计意图。
> 初步设计应对本工程的设计方案及重大技术问题的解决方案进行综合技术分析,论证技术上的先进性、可能性及经济上的合理性,并提出概算书。
> 初步设计图纸和文件应满足征地、主要设备材料订货、确定工程造价、控制基建投资及进行施工准备的要求。

(2) 初步设计的图纸和文件。

初步设计一般包括设计说明书、设计图纸、主要设备材料表和工程概预算等四部分,具体的图纸和文件有以下几种。

> 设计总说明:设计指导思想及主要依据,设计意图及方案特点,建筑结构方案及结构特点,建筑材料及装修标准,主要技术经济指标以及结构、设备等系统的说明。
> 建筑总平面图:比例一般取 1:500 或 1:1000,应表示用地范围、建筑物位置、大小、层数及设计标高,道路及绿化布置,技术经济指标。地形复杂时,应表示粗略的竖向设计意图。
> 各层平面图、剖面图及建筑物的主要立面图:比例一般取 1:100 或 1:200,应表示建筑物各主要控制尺寸,如总尺寸、开间、进深、层高等。同时,应表示标高、门窗位置,室内固定设备及有特殊要求的厅、室内具体布置、立面处理、结构方案及材料选用等。

知识扩展:

本章依据《建筑设计防火规范》(GB 50016—2014)编写:

5.9 一、二级耐火等级公共建筑内的安全出口全部直通室外确有困难的防火分区,可利用通向相邻防火分区的甲级防火门作为安全出口,但应符合下列要求:

1 利用通向相邻防火分区的甲级防火门作为安全出口时,应采用防火墙与相邻防火分区进行分隔;

2 建筑面积大于1000m² 的防火分区,直通室外的安全出口不应少于2个;建筑面积不大于1000m² 的防火分区,直通室外的安全出口不应少于1个;

3 该防火分区通向相邻防火分区的疏散净宽度不应大于其按本规范相关规定计算所需疏散总净宽度的30%,建筑各层直通室外的安全出口总净宽度不应小于规定计算所需疏散总净宽度。

> 工程概算书：建筑物投资估算、主要材料用量及单位消耗量。
> 对于大型民用建筑及其他主要工程,必要时可绘制透视图、鸟瞰图或制作模型。

2）技术设计阶段

初步设计经建设单位同意和上级主管部门批准后,可以进行技术设计。技术设计是初步设计具体化的阶段,也就是各种技术问题定案的阶段,主要任务是在初步设计的基础上进一步解决各种技术问题,协调各种技术之间的矛盾。经批准后的技术图纸和说明书即为编制施工图、主要材料设备订货及工程拨款的依据文件。

技术设计的图纸和文件与初步设计大致相同,但更详细。具体内容包括整个建筑物和各个局部的具体做法,各部分的确切尺寸关系,内外装修的设计,结构方案的计算和具体内容、各种构造和用料的确定,各种设备系统的设计和计算,各技术工种之间各种矛盾的合理解决方法,设计预算的编制等。这些工作都是在有关技术工种共同商定之下进行的,并应相互认可。对于不太复杂的工程,可以省略技术设计阶段,把这个阶段的一部分纳入初步设计阶段,另一部分工作则在施工图设计阶段进行。

3）施工图设计阶段

（1）任务与要求。

施工图设计是建筑设计的最后阶段,是提交施工单位进行施工的设计文件,必须根据上级主管部门批准同意的初步设计（或技术设计）进行施工图设计。

施工图设计的主要任务是满足施工要求,解决施工中的技术措施、用料及具体做法。因此,必须满足以下要求。

> 施工图设计应综合建筑、结构、设备等各种技术要求,需要各专业工种相互配合、共同工作、反复修改,使图纸做到简明统一、精确无误。
> 施工图应详尽准确地标出工程的全部尺寸和用料做法,以便于施工。
> 要注意因地制宜、就地取材,并注意与施工单位密切联系,使施工图符合材料供应及施工技术条件等客观情况。
> 施工图绘制应明晰,表达确切无误,要求按国家现行有关建筑制图标准执行。

（2）施工图设计的图纸和文件。

施工图设计的内容包括建筑、结构、水电、采暖、通风等工种的设计图纸、工程说明书、结构及设备计算书和概算书。其具体图纸和文件有以下几种。

> 建筑总平面图,比例为1:500、1:1000、1:2000,应表明以下内容:建筑用地范围,建筑物及室外工程道路、围墙、大门、挡土

知识扩展：

本章依据《建筑设计防火规范》（GB 50016—2014）编写：

总则

1.0.1 为了预防建筑火灾,减少火灾危害,保护人身和财产安全,制定本规范。

1.0.2 本规范适用于下列新建、扩建和改建的建筑：

1 厂房；

2 仓库；

3 民用建筑；

4 甲、乙、丙类液体储罐（区）；

5 可燃、助燃气体储罐（区）；

6 可燃材料堆场；

7 城市交通隧道。

人民防空工程、石油和天然气工程、石油化工工程和火力发电厂与变电站等的建筑防火设计,当有专门的国家标准时,宜从其规定。

根据本规范的相关规定确定。

墙等的位置、尺寸、标高,建筑小品,绿化美化设施的布置,并附必要的说明及详图。技术经济指标、地形及工程复杂时,应绘制竖向设计图。

➢ 建筑物各层平面图、剖面图、立面图,比例为 1:50、1:100、1:200。除表达初步设计或技术设计内容以外,还应详细标出门窗洞口、墙段尺寸必要的细部尺寸、详图索引。

➢ 建筑构造详图包括平面节点、檐口、墙身、阳台、楼梯、门窗、室内装修、立面装修等详图。本图应详细表示各部分构件关系、材料尺寸及做法、必要的文字说明。根据节点需要,比例分别选用1:20、1:10、1:5、1:2、1:1 等。

➢ 各工种相应配套的施工图纸,如基础平面图、结构布置图、钢筋混凝土构件详图、水电暖平面图及系统图等。

➢ 设计说明书,包括施工图设计依据、设计规模、面积、标高定位、门窗表、用料说明等。

➢ 建筑节能计算书、结构和设备计算书。

➢ 工程概算书。

1.9 建筑防火与安全疏散

建筑防火设计是建筑设计的重要内容之一。人们在建筑物中从事各种生产、生活活动,经常离不开火。如果在建筑设计中忽视了防火设计,未对可能发生的火灾采取有效的预防措施,一旦发生火灾,就会造成大量的财产损失,甚至危及人的生命安全。因此,建筑设计人员必须十分重视建筑防火设计,在建筑设计工作中,认真做好预防火灾发生的各种措施,即使在真的发生火灾的情况下,也要能够尽量减少生命财产损失。

建筑防火设计所涉及的内容很多,主要包括:在城市规划设计、工厂总平面设计以及各类建筑设计中,贯彻防火要求;在建筑设计中,根据建筑物中生产活动或使用活动中火灾危险的特点,采用相应耐火等级的建筑结构和建筑材料,采取合理的防火构造措施,设置必要的防火分隔物,为在发生火灾的情况下,迅速安全地疏散人员、物资等,创造有利的条件;配备适量的室内外消火栓及其他灭火器材,安装防雷、防静电、自动报警等安全保护装置。

1.3.2 节已具体介绍了不同构件材料的燃烧性能和耐火极限要求,而建筑构造设计应注意满足建筑物耐火等级的标准要求。

建筑防火设计的一个重要原则,就是对建筑物进行防火分区,在各防火区域的相邻部位设置耐火极限较高的防火分隔物。一旦发生火灾,这些防火分区间的防火分隔物可以有效地起到阻止火势蔓延的作用。

民用建筑的耐火等级、最多允许层数以及防火分区间的长度和建筑面积要求，详见表1-3。高层民用建筑和工业厂房及仓库建筑也有相应的规定，详细要求可参看《高层民用建筑设计防火规范》(GB 50045—1995)(1999年版)以及《建筑设计防火规范》(GBJ 16—1987)(2001年版)的相关内容。

表1-3　民用建筑的耐火等级、层数、长度和建筑面积

耐火等级	最多允许层数	防火分区间		备　注
		最大允许长度/m	每层最大允许建筑面积/m²	
一、二级	单层公共建筑；9层及9层以下的住宅；建筑高度不超过24m的其他民用建筑	150	2500	体育馆、剧院、展览建筑等的观众厅、展览厅的长度和面积可以根据需要确定；托儿所、幼儿园的儿童用房及儿童游乐厅等儿童活动场所不应设置在4层及4层以上或地下、半地下建筑内
三级	5层	100	1200	托儿所、幼儿园的儿童用房及儿童游乐厅等儿童活动场所和医院、疗养院的住院部分不应设置在3层及3层以上或地下、半地下建筑内；商店、学校、电影院、剧院、礼堂、食堂、菜市场不应超过2层
四级	2层	60	600	学校、食堂、菜市场、托儿所、幼儿园、医院等不应超过1层

注：

1. 重要的公共建筑应采用一、二级耐火等级的建筑。商店、学校、食堂、菜市场如采用一、二级耐火等级的建筑有困难，可采用三级耐火等级的建筑。

2. 建筑物的长度，系指建筑物各分段中线长度的总和。如遇有不规则的平面而有各种不同量法时，应采用较大值。

3. 建筑内设置自动灭火系统时，每层最大允许建筑面积可按本表增加1倍。局部设置时，所增加面积可按该局部面积的1倍进行计算。

4. 应采用防火墙分隔防火分区，如有困难时，可采用防火卷帘和水幕分隔。

5. 托儿所、幼儿园及儿童游乐厅等儿童活动场所应独立建造。当必须设置在其他建筑内时，宜设置独立的出入口。

防火分隔物是针对建筑物的不同部位以及火势蔓延的途径而设置的。建筑物中防火分隔物的常见类型如下：

（1）钢筋混凝土楼板，这是良好的水平防火分隔物；

（2）具有不少于4h耐火极限的非燃烧体防火墙，这是主要的竖向防火分隔物；

（3）具有相应耐火极限的防火门，防火门是为交通联系的需要，而在防火墙上设门以及封闭楼梯间或防烟楼梯间设置门的要求而采用的防火分隔物，其具体的材料燃烧性能和耐火极限标准应满足有关防火规范的要求；

（4）还有防火窗、防火卷帘以及闭式自动喷水灭火系统等。

当相邻两栋建筑物之间的距离达不到防火间距的要求时，应设置无门窗的外墙防火墙，或采用室外独立防火墙，用以遮断对面的热辐射和冲击波的作用。

为了提高各种结构材料的耐火性能，必须设法推迟构件达到极限温度的时间，其主要的方法是在构件表面设置相应的隔热保护层。另外，为了减少火灾的危害，应对一些装修材料采取适当的保护或限制措施。例如，钢材属于非燃烧材料，虽不燃烧，但在温度升高到 $300 \sim 400{}^\circ\!\mathrm{C}$ 时，强度很快下降；达到 $600{}^\circ\!\mathrm{C}$ 时，则完全失去承载能力；高温时遇水冷会发生变形，造成结构破坏、房屋倒塌的后果。所以，没有防火保护层的钢结构无法达到防火要求。钢筋混凝土也属于非燃烧材料，有较高的耐火性能，但钢筋混凝土是钢筋和混凝土的结合体，当温度低于 $400{}^\circ\!\mathrm{C}$ 时，两者能够共同受力，温度过高时，钢筋变形过大，受力条件受到影响，这与钢筋的混凝土保护层厚度有关，所以混凝土保护层的厚度必须达到防火要求的标准。木材属于燃烧材料，目前在结构中极少采用，在建筑装修材料的选用上，也应充分考虑材料的耐火性能。有些材料，如塑料制品，虽有很多优点，如质轻、耐酸碱、不透水、便于加工成型等，但其耐火性能低，耐热性能差，实用的极限温度为 $60 \sim 150{}^\circ\!\mathrm{C}$。在火场上，塑料熔化后到处流淌，易变形，刚性不足；在阴燃阶段，塑料能放出很浓的烟，起火后多放出缕缕黑烟，含有不同程度的微量氧化氮、氢氰酸、醛、苯、氨等有毒气体或蒸气。因此，在选择装修材料时，应引起充分的重视。

知识扩展：

本章依据《民用建筑设计通则》编写：

第三条　各级人民政府应当加强对民用建筑节能工作的领导，积极培育民用建筑节能服务市场，健全民用建筑节能服务体系，推动民用建筑节能技术的开发应用，做好民用建筑节能知识的宣传教育工作。

第四条　国家鼓励和扶持在新建建筑和既有建筑节能改造中采用太阳能、地热能等可再生能源。

在具备太阳能利用条件的地区，有关地方人民政府及其部门应当采取有效措施，鼓励和扶持单位、个人安装使用太阳能热水系统、照明系统、供热系统、采暖制冷系统等太阳能利用系统。

1.10　建筑节能

当今，全球关注的两大环境问题——温室气体减排和臭氧层保护，都与人类活动有关。建筑节能就是其中极为重要的热点，是建筑技术进步的重大标志，也是建筑界实施可持续发展战略的关键环节。各发达国家为此已经进行了长久的努力，并取得十分丰硕的成果。我国从20世纪80年代中期开始推行建筑节能。建筑节能已纳入1998年1月1日施行的《中华人民共和国节约能源法》。经过多年的努力，我国建筑节能已经取得巨大的进展，但与发达国家相比，差距仍然较大。而且直到现在,各发达国家还在不断提高建筑能源利用效率,可见我国在建筑节能方面要缩小与发达国家的差距,也是任重而道远。

1. 建筑节能的重要意义

建筑节能是世界性的大潮流。建筑技术在这个潮流的引导下蓬勃发展,许多建材和建筑用产品不断更新换代,建筑业也产生了一系列变化,其表现如下。

(1)建筑构造上的变化:房屋围护结构改用高效保温隔热复合结构及多层密封门窗。

(2)供热系统的变化:建筑供热系统采用自动化调节控制设备及计量仪表。

(3)建筑用产品结构的变化:形成众多生产节能用材料和设备的新兴工业企业群体,节能业兴旺发达。

(4)建筑机构的变化:出现了许多诸如从事建筑保温隔热、密封门窗以及供热计量等专业化的建筑安装和服务性组织。

社会需要推动建筑节能。简而言之,这是经济发展的需要,减轻环境污染的需要,改善建筑热环境的需要,发展建筑业的需要。

在市场经济条件下,住房制度的改革有利于建筑节能。商品住宅使用的能源费用理所当然地由住户自己承担,节能势必逐渐成为广大居民的自觉行为。

因此,建筑节能将是大势所趋,人心所向,既是国家民族利益的需要,又是亿万群众自己的切身事业,它将克服目前存在的各种困难,在21世纪的可持续发展战略中不断进步。

2. 建筑节能的含义及范围

建筑节能即在建筑中保持能源,减少能量的散失,提高建筑中的能源利用效率,不是消极意义上的节省,而是从积极意义上提高利用效率。

我国建筑节能的范围现已与发达国家取得一致,从实际条件出发,当前的建筑节能工作集中于建筑采暖、空调、热水供应、照明、炊事、家用电器等方面的节能,并与改善建筑舒适性相结合。

3. 节能建筑的主要特征

在资源得到充分有效利用的同时,使建筑物的使用功能更加符合人类生活的需要,创造健康、舒适、方便的生活环境是人类的共同愿望,也是建筑节能的基础和目标。为此,21世纪的节能建筑应该满足以下要求。

(1)高舒适度:由于围护结构的保温隔热和采暖空调设备性能的日益提高,建筑热环境将更加舒适。

(2)低能源消耗:采用节能系统的建筑,其空调及采暖设备的能源消耗量远远低于普通住宅。

(3) 通风良好：自然通风与人工通风相结合,空气经过净化,新风"扫过"每个房间,持续通风。

(4) 光照充足：尽量采用自然光,天然采光与人工照明相结合。

4. 我国建筑节能展望

(1) 必须使节约建筑能耗与改善热环境相结合。

➤ 对于新建建筑及室温满足要求的建筑,着重在节约能源;对于冬季室温过低、结露的建筑和夏季室温过高的建筑,首先要改善建筑热环境,也要注意节约能源;

➤ 在夏热冬冷区及农村,则应在节约能源条件下逐步改善建筑热环境;

➤ 各地应根据当地实际情况,根据工作进展可进行适当的调整和充实。

(2) 从建筑类型上逐步推开建筑节能。

➤ 从居住建筑开始,其次是公共建筑,然后是工业建筑;

➤ 从新建建筑开始,接着是近期必须改造的热环境很差的结露建筑和危旧建筑,然后才是保温隔热条件不良的建筑;

➤ 建筑围护结构节能与供热(或降温)系统节能同步进行。

(3) 从地域上逐步扩展建筑节能。

➤ 从北方采暖区开始,然后发展到中部夏热冬冷区,并扩展到南方夏热冬暖区;

➤ 从几个工作基础较好的城市(如哈尔滨、北京、上海、南京等)开始,再发展到一般城市和城镇,然后逐步扩展到广大农村。

例如,长江中游是典型的夏热冬冷地区,已贯彻建设部 2001 年发布的《夏热冬冷地区居住建筑节能设计标准》(JGJ 134—2010)。2005年 4 月 1 日起武汉市出售的商品住宅必须是节能住宅,2010 年重点城市普遍推行节能住宅。2005 年 7 月 1 日起正式实施《公共建筑节能设计标准》(GB 50189—2005)后,总能耗可减少 50%。

(4) 加强建筑节能标准化工作,发展建筑节能科学技术,积极利用自然能源,加强既有建筑的节能改造等等。

我国建筑节能工作的进展,对于全球温室气体的排放,中国经济的持续稳定发展以及世界建筑节能产品市场,都将产生显著的影响。建筑工作者必须知难而进,奋起直追,把建筑节能视为自己义不容辞的历史责任,为我国社会经济的可持续发展和建筑科学的繁荣进步做出自己应有的贡献。

第 2 章

地基与基础

2.1 基础

2.1.1 地基与基础的概念

基础是埋在建筑物最下部的承重构件,它承受建筑物的全部荷载,并将它们传给地基,起到承上启下的作用,是建筑物重要的组成部分。

地基不是建筑物的组成部分,而是承受由基础传来的荷载而产生应力和应变的土层,承受由基础传来的整个建筑物的荷载,如图 2-1 所示。

基础是建筑物最下部埋在土中的扩大构件,是建筑物重要的组成部分。基础与土层直接接触,并承受建筑物的全部荷载,把它们传给地基。

1. 地基与基础的关系

房屋的全部荷载通过基础传给地基。地基每平方米面积所能承受的最大垂直压力称为地基承载力。当基础对地基的压力超过地基承载力时,地基将出现不允许的沉降变形,或者地基上层滑动,失去稳定。如以 f 表示地基承载力,N 代表房屋的总荷载,A 代表基础的底面积,则可列出如下关系式:

$$A \geqslant \frac{N}{f} \qquad (2\text{-}1)$$

从式(2-1)可以看出,当地基承载力不变时,房屋总荷载增大,基础底面积也应随着增大。为了房屋的稳定与安全,必须保证基础底面处的平均压力不超过地基承载力。当荷载一定时,加大基础底面积可以减少单位面积地基上所受的压力。

2. 地基的分类

地基分为天然地基和人工地基两类。

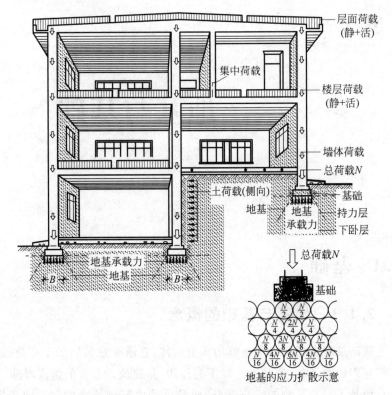

图 2-1 地基与基础

天然地基是指天然土层具有足够的地基承载力，不需经人工改良或加固就可以直接在上面建造房屋的地基。岩石、碎石土、砂土和黏性土等，一般均可作为天然地基。

人工地基是指土层缺乏足够的坚固性和稳定性，不能承受基础传递的全部荷载，必须对土层进行人工处理后，才能在上面建造房屋。常用的处理方法有换填法、预压法、强夯法、振冲法等。人工地基较天然地基费工费料，造价较高。

基础下面的土层是否有足够的承重力，除了取决于土体本身的力学性能外，还取决于建筑物上部荷载的大小和性质。

3. 地基和基础的设计要求

为了保证建筑物的安全和正常使用，基础工程应做到安全可靠、经济合理、技术先进和便于施工，对地基和基础提出以下要求：

1）对地基的要求

➤ 地基应具有一定的承载力和较小的压缩性。

➤ 地基的承载力应分布均匀。

➤ 在一定的承重条件下，地基应有一定的深度范围。

➤ 尽量使用天然地基，以达到经济效益。

2）对基础的要求

（1）强度要求：基础具有足够的强度，才能稳定地把荷载传给地

知识扩展：

本章依据《建筑地基基础设计规范》（GB 50007—2011）编写：

3 基本规定

3.0.1 地基基础设计应根据地基复杂程度、建筑物规模和功能特征以及由于地基问题可能造成建筑物破坏或影响正常使用的程度分为三个设计等级。

基。如果基础在承受荷载后受到破坏，必然会使房屋出现裂缝，甚至坍塌。所以，房屋基础所用的材料应符合基础的强度要求。

（2）耐久性要求：基础埋在地下，易受潮、浸水，北方地区的基础可能还会受冻融循环的破坏作用等。因此，基础的选材要保证其耐久性，并做好防潮、排水设计，防止基础提前破坏而影响房屋建筑的使用寿命。

（3）经济性要求：从工程造价上看，地基与基础通常占建筑总造价的 10%～40%。在建筑构造设计中，应尽可能选择良好的地基条件、适当的基础构造形式及廉价的材料与先进的施工技术，使设计符合经济合理的原则。

2.1.2 基础的埋置深度及影响因素

2-1 基础埋置深度

为确保建筑物坚固安全，基础要埋入土层中一定的深度。室外设计地面到基础底面的距离称为基础的埋置深度，如图 2-2 所示。按埋置深度的不同，基础分为浅基础和深基础。基础埋深不超过 5m 的称为浅基础，大于 5m 的属于深基础。在确定基础埋深时，应优先选择浅基础。它的优点是不需要特殊的施工设备，施工技术较简单，工程造价较低。但基础埋深过小，可能会使地基受到压力后把四周的土挤走，使基础产生滑移而失去稳定性，同时易受自然因素的侵蚀和影响，使基础破坏。因此，在一般情况下，基础的埋深不应小于 0.5m。

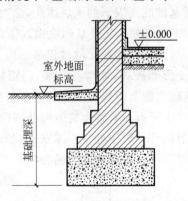

图 2-2 基础的埋置深度

基础埋置深度的确定是基础设计内容的重要部分，工程地质条件、地下水位、土的冻结深度、作用在地基上的荷载、建筑物自身的特点等都是影响基础埋深的主要因素。

1. 工程地质条件的影响

工程地质条件对基础埋深的影响较大。如土层是由两种土质构成的，上层土质好而有足够厚度，基础应埋在上层范围好土内；反之，上层土质差而厚度浅，基础应埋在下层好土范围内。总之，必须综合分析

知识扩展：

本章依据《建筑地基基础术语标准》（GB/T 50941—2014）编写：

2 基本术语

2.0.13 浅基础 shallow foundation

埋置深度不超过 5m，或不超过基底最小宽度，在其承载力中不计入基础侧壁岩土摩阻力的基础。

2.0.14 深基础 deep foundation

埋置深度超过 5m，或超过基底最小宽度，在其承载力中计入基础侧壁岩土摩阻力的基础。

工程地质条件,求得最佳埋深。

2. 地下水位的影响

地下水对某些土层的承载力有很大影响,如某些土质会在地下水上升时,因含水量增加而膨胀,使土的强度降低;当地下水下降时,基础则会产生下沉。为了避免地下水位的变化影响地基承载力,同时防止地下水给基础施工带来麻烦,一般基础应尽量埋置在地下水位以上,如图2-3所示。当地下水位较高、基础不能埋置在地下水位以上时,应采取使地基土在施工时不受扰动的措施。

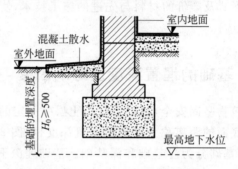

图 2-3　地下水位对基础埋深的影响

3. 土的冻结深度的影响

一般土壤具有冻胀和融陷的性质,寒冷地区土层会因气温变化而产生冻融现象,土层冰冻的深度称为冰冻线。当基础埋置深度在土层冰冻线以上时,如果基础底面以下的土层冰胀,会对基础产生向上的顶力,严重的会使基础上抬起拱;如果基础底面以下的土层解冻,顶力消失,会使基础下沉。这样冻结和融化的过程是不均匀的,建筑物会由于受力不均匀而产生变形和破坏,如墙身开裂、门窗倾斜而开启困难等。所以,寒冷地区的基础原则上应埋置在土的冻结深度之下,即冰冻线以下200mm处,如图2-4所示。采暖建筑的内墙基础埋深可以根据建筑的具体情况进行适当调整。对于处于不冻胀土(如碎石、卵石、粗砂、中砂等)中的基础,其埋深可不考虑冰冻线的影响。

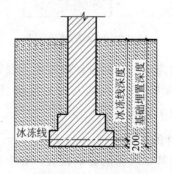

图 2-4　土的冻结深度对基础埋深的影响

4. 作用在地基上的荷载大小和性质

地基的埋置深度还应该考虑作用在地基上的荷载大小和性质,荷载有恒载和活载之分。其中,恒载引起的沉降量最大,因此当恒载较大时,基础埋深应大些。荷载的作用方向有竖直方向和水平方向。当基础要承受较大水平荷载时,为了保证结构的稳定性,也常将埋深加大。例如,高层建筑由于受风力和地震力等水平荷载,其埋置深度不宜小于地面以上建筑物总高度的1/15。

5. 建筑物的自身特点

确定基础的埋深时,首先要考虑建筑物在使用功能和用途方面的要求,如必须设置地下室,带有地下设施,属于半埋式结构物等。

对于位于土质地基上的高层建筑,为了满足稳定性要求,其基础埋深应随建筑物高度的增加而适当增大。在抗震设防区,筏形基础和箱形基础的埋深不宜小于建筑高度的1/15;受有上拔力的基础,如输电塔基础,也要求有加大的埋深以满足抗拔要求。烟囱、水塔等高耸结构均应满足抗倾覆稳定性的要求。

当建筑物设有地下室、地下管道或设备基础时,常须将基础局部或整体加深。为了保护基础不至于露出地面,构造要求基础顶面到室外设计地面的距离不得小于100mm。

6. 相邻建筑物的基础埋深的影响

当存在相邻建筑物时,新建建筑的基础埋深不宜大于原有建筑基础,以免施工期间影响原有建筑物的安全。如果新建筑物基础必须在旧建筑物基础底面之下,两基础应保持一定距离。此距离大小与荷载大小和地基土的土质有关,一般情况下可取两基础底面高差的1~2倍,如图2-5所示。

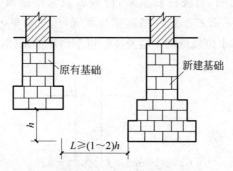

原有基础　新建基础

图2-5 相邻建筑物的基础埋深的影响

2.1.3 基础的类型与构造

根据基础的材料及受力特点,可分为刚性基础和柔性基础;根据基础的构造形式,可分为条形基础、箱形基础、桩基础、独立基础、筏形

知识扩展:

本章依据《建筑地基基础设计规范》(GB 50007—2011)编写:

5.1 基础埋置深度

5.1.1 基础的埋置深度,应按下列条件确定:

1 建筑物的用途,有无地下室、设备基础和地下设施,基础的形式和构造;

2 作用在地基上的荷载大小和性质;

3 工程地质和水文地质条件;

4 相邻建筑物的基础埋深;

5 地基土冻胀和融陷的影响。

5.1.2 在满足地基稳定和变形要求的前提下,当上层地基的承载力大于下层土时,宜利用上层土作持力层。除岩石地基外,基础埋深不宜小于0.5m。

基础、井格基础等。

1. 按材料与受力特点分类

1）刚性基础

刚性基础是指用砖、混凝土、三合土、灰土等抗压强度大而抗拉强度小的刚性材料做成的基础。

砖基础所用的砖是一种取材容易、价格低廉及施工简便的材料。但由于砖的强度、耐久性均较差，所以砖基础多用于地基土质好、地下水位较低、5层及5层以下的砖混结构建筑。砖基础采用台阶式向下逐级放大，称大放脚。大放脚的具体做法如下：一般采用每两皮砖挑出1/4砖，称为两皮一收；或两皮砖与一皮砖间隔挑出1/4砖，称为二一间收。砖基础如图2-6所示。

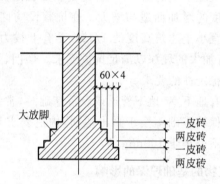

图2-6　砖基础（单位：mm）

采用三合土基础时，将石灰、砂、骨料（碎石或碎砖）三种材料按1∶2∶4或1∶3∶6的体积比进行配合，然后在基槽内分层夯实，每层夯实前虚铺220mm，夯实后净剩150mm。三合土铺筑至设计标高后，在最后一遍夯打时，宜浇注石灰浆，待表面灰浆略微风干后，再铺上一层砂子，最后整平夯实。这种基础造价低廉，施工简单，但强度较低，所以只能用于地下水位较低的4层及4层以下房屋的基础，如图2-7所示。

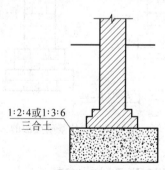

图2-7　三合土基础

毛石基础用强度较高未风化的毛石砌筑，具有强度较高、抗冻耐水、经济的特点。毛石基础是由中部厚度不小于150mm的未经加工的块石和砂浆砌筑而成的,通常采用水泥砂浆砌筑。毛石基础可以用于地下水位较高、冻结深度较深的地区,如图2-8所示。

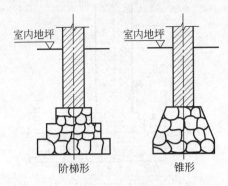

图2-8 毛石基础

混凝土基础具有坚固、耐久、耐水、刚性角大,可任意改变形状等特点,常用于地下水和冰冻影响的建筑。由于混凝土是可塑的,基础的断面形式不仅可以做成矩形和阶梯形,还可以做成锥形,如图2-9所示。锥形断面能节约混凝土,从而减轻基础自重。另外,如果在混凝土中混入不超过总体积20%~30%的毛石,即配成毛石混凝土。毛石混凝土基础所用毛石粒径不宜超过300mm,并不大于基础宽度的1/3。

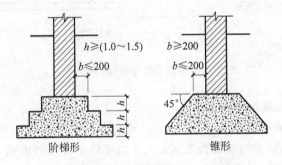

图2-9 混凝土基础(单位:mm)

灰土由石灰和黏土按一定的比例拌合而成,其配合比常用石灰与黏土的体积比,即3:7。灰土基础的优点是施工简便,造价较低,就地取材,可以节省水泥、砖石等材料。它的缺点是抗冻、耐水性能差,不宜用在地下水位线以下或很潮湿的地基上。在砖基础下做灰土垫层也叫灰土基础,如图2-10所示。

2) 柔性基础

柔性基础是指用钢筋混凝土制成的抗压、抗拉均较强的基础。

采用刚性基础,因受刚性角限制,基础底面宽度很大时,必然要增加基础高度,使埋深加大,开挖土方增多,材料用量增加,对工期和造价不利。如果在混凝土中配置钢筋,成为钢筋混凝土基础,利用钢筋承受拉力,基础就能承受弯矩,不受刚性角限制。因此,钢筋混凝土基础称为柔性基础,如图2-11所示。

知识扩展:

　　本章依据《建筑地基基础设计规范》(GB 50007—2011)编写:

　　3.0.2 根据建筑物地基基础设计等级及长期荷载作用下地基变形对上部结构的影响程度,地基基础设计应符合下列规定:

　　1 所有建筑物的地基计算均应满足承载力计算的有关规定;

　　2 设计等级为甲级、乙级的建筑物,均应按地基变形设计;

　　3 设计等级为丙级的建筑物有下列情况之一时,应作变形验算:

　　(1)地基承载力特征值小于130kPa,且体型复杂的建筑;

　　(2)在基础上及其附近有地面堆载或相邻基础荷载差异较大,可能引起地基产生过大的不均匀沉降时;

　　(3)软弱地基上的建筑物存在偏心荷载时;

　　(4)相邻建筑距离近,可能发生倾斜时;

　　(5)地基内有厚度较大或厚薄不均的填土,其自重固结未完成时。

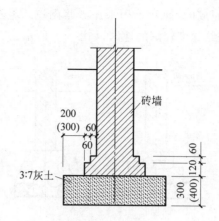

图 2-10　灰土基础(单位:mm)

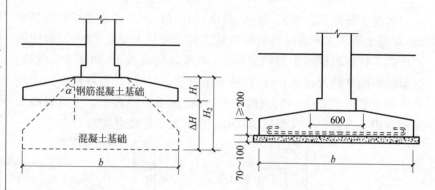

图 2-11　钢筋混凝土基础(单位:mm)

2. 按基础构造形式分类

1) 条形基础

　　条形基础是指基础长度远远大于宽度的一种基础形式。当房屋为墙承重结构时,承重墙下一般采用通长的条形基础。其特点是布置在一条轴线上,且与两条以上轴线相交,有时也和独立基础相连,但截面尺寸与配筋不尽相同。中小型建筑常采用砖、石、混凝土、灰土、三合土等刚性材料的刚性条形基础。当荷载较大、地基较软时,也可采用钢筋混凝土条形基础,图 2-12 所示为条形基础与实例。

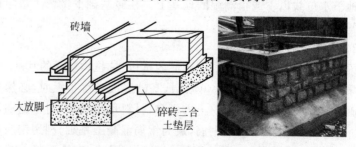

图 2-12　条形基础与实例

条形基础按上部结构可分为墙下条形基础和柱下条形基础。当房屋为框架承重结构时,在荷载较大且地基为软土时,常用钢筋混凝土条形基础将各柱下的基础连接在一起,使整个房屋的基础具有良好的整体性。柱下条形基础可以有效防止不均匀沉降,图2-13所示为柱下条形基础与实例。

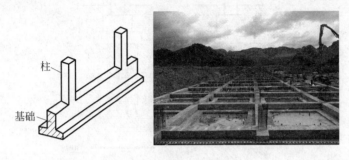

图2-13 柱下条形基础与实例

2) 箱形基础

如钢筋混凝土基础埋深很大,为了增加建筑物的刚度,可用钢筋混凝土筑成由底板、顶板、四壁和若干纵、横墙组成中空箱体的箱形基础,共同来承受上部结构的荷载。箱形基础内部空间较大时,可用作地下室。这种基础整体空间刚度大,对抵抗地基的不均匀沉降有利,一般适用于高层建筑或在软弱地基上建造的上部荷载较大的建筑物,其构造形式如图2-14所示。

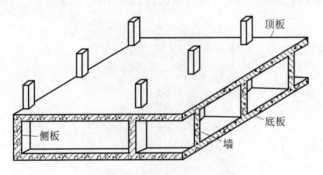

图2-14 箱形基础(AR交互)

3) 桩基础

当建筑物荷载较大,地基的软弱土层厚度在5m以上,基础不能埋在软弱土层内,或对软弱土层进行人工处理困难或不经济时,常采用桩基础。桩基础由基桩和连接于桩顶的承台共同组成。若桩身全部埋于土中,承台底面与土体接触,则称为低承台桩基;若桩身上部露出地面而承台底位于地面以上,则称为高承台桩基。建筑桩基通常为低承台桩基础。采用桩基础能节省基础材料,减少挖填土方工程量,改善工人的劳动条件,缩短工期。在高层建筑中,桩基础应用较为广泛。

知识扩展:

本章依据《建筑地基基础设计规范》(GB 50007—2011)编写:

4 对经常受水平荷载作用的高层建筑、高耸结构和挡土墙等,以及建造在斜坡上或边坡附近的建筑物和构筑物,尚应验算其稳定性;

5 基坑工程应进行稳定性验算;

6 建筑地下室或地下构筑物存在上浮问题时,尚应进行抗浮验算。

2-2 AR交互APP

桩基础把建筑物的荷载通过桩端传给深处坚硬土层，或通过桩侧表面与周围土的摩擦力传给地基。前者称为端承桩，后者称为摩擦桩。图 2-15 所示为桩基础示意图。

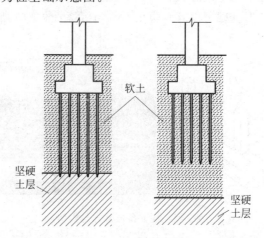

图 2-15　桩基础示意图

当前采用最多的是钢筋混凝土桩，包括预制桩和灌注桩两大类。

（1）钢筋混凝土预制桩

钢筋混凝土预制桩是把桩先预制好，然后用打桩机打入地基土层中。预制桩制作简便，容易保证质量。但这种桩造价较高，钢材用料大，施工时有较大的振动和噪声，在城市市区施工时应注意减轻对附近房屋的影响。如图 2-16 所示为预制桩的施工。

图 2-16　钢筋混凝土预制桩施工

（2）钢筋混凝土灌注桩

钢筋混凝土灌注桩是一种直接在现场桩位上就地成孔，然后在孔内浇筑混凝土，或安放钢筋笼再浇筑混凝土而成的桩。按其成孔方法不同，又可分为钻孔灌注桩、沉管灌注桩和爆扩灌注桩。

钻孔灌注桩是使用钻孔机械在桩位上钻孔，并排出孔中的土，然后在孔内灌注混凝土。钻孔灌注桩的优点是没有振动和噪声、施工方便、

知识扩展：

本章依据《建筑地基基础设计规范》（GB 50007—2011）编写：

3.0.4　地基基础设计前应进行岩土工程勘察，并应符合下列规定：

1　岩土工程勘察报告应提供下列资料：

（1）有无影响建筑场地稳定性的不良地质作用，评价其危害程度；

（2）建筑物范围内的地层结构及其均匀性，各岩土层的物理力学性质指标，以及对建筑材料的腐蚀性；

（3）地下水埋藏情况、类型和水位变化幅度及规律，以及对建筑材料的腐蚀性；

（4）在抗震设防区应划分场地类别，并对饱和砂土及粉土进行液化判别；

（5）对可供采用的地基基础设计方案进行论证分析，提出经济合理、技术先进的设计方案建议；提供与设计要求相对应的地基承载力及变形计算参数，并对设计与施工应注意的问题提出建议；

（6）当工程需要时，尚应提供深基坑开挖的边坡稳定计算和支护设计所需的岩土技术参数，论证其对周边环境的影响；基坑施工降水的有关技术参数及地下水控制方法的建议；用于计算地下水浮力的设防水位。

造价较低,特别适合周围有危险房屋的情况;其缺点是桩尖处虚土不易清除干净,这对桩的承载力有一定影响。图 2-17 所示为钻孔灌注桩的施工。

图 2-17　钻孔灌注桩施工

沉管灌注桩是指利用锤击打桩法或振动打桩法,将端部带有活瓣桩尖的钢管打入土中,或用振动法沉入土中,至设计标高后,边向钢管内灌注混凝土,边将钢管徐徐拔出,混凝土在孔中形成桩。沉管灌注桩的优点是造价较低,可根据地质情况调整桩长和控制桩顶标高;缺点是当地基土含水量较大时,钢管拔起后容易发生颈缩现象。图 2-18 所示为沉管灌注桩施工现场。

图 2-18　沉管灌注桩施工

爆扩灌注桩是利用炸药爆炸后,其体积急剧膨胀,压缩周围土体形成桩孔,向孔内灌注混凝土形成爆扩桩。爆扩桩的优点是有扩大端,承载能力较强,施工也较为简单;缺点是爆炸时的振动对周围环境有一定影响,且炸药使用不当易出事故,因此,爆扩灌注桩在城市内的使用受到限制。图 2-19 所示为爆扩桩示意图。

> **知识扩展:**
>
> 　　本章依据《建筑地基基础设计规范》(GB 50007—2011)编写:
>
> 　　2　地基评价宜采用钻探取样、室内土工试验、触探,并结合其他原位测试方法进行。设计等级为甲级的建筑物应提供载荷试验指标、抗剪强度指标、变形参数指标和触探资料;设计等级为乙级的建筑物应提供抗剪强度指标、变形参数指标和触探资料;设计等级为丙级的建筑物应提供触探及必要的钻探和土工试验资料。
>
> 　　3　建筑物地基均应进行施工验槽。当地基条件与原勘察报告不符时,应进行施工勘察。

2-3 基础的分类

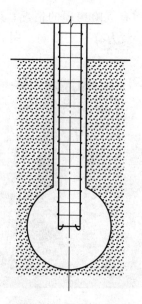

图 2-19 爆扩桩示意图

另外,在采用桩基础时,应在桩顶加做承台梁或承台板,以承托基础和墙柱,如图 2-20 所示。

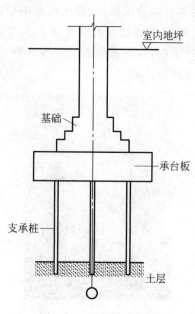

图 2-20 承台板示意图

4) 独立基础

当建筑物上部采用框架结构时,基础常采用方形或矩形的单独基础,这种基础称为独立基础。独立基础是柱承重建筑基础的基本形式,根据常用的断面形式,独立基础可分为以下三种,即锥形基础、阶梯形基础和杯形基础,如图 2-21 所示。

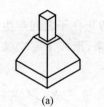  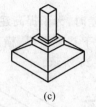 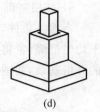

(a)   (b)   (c)   (d)

图 2-21　独立基础（AR 交互）

（a）锥形；（b）阶梯形；（c）普通杯形；（d）高杯口

图 2-22 为独立基础实例。独立基础适用于多层框架结构或厂房排架柱下基础，地基承载力不应低于 80kPa。

图 2-22　独立基础实例

5）筏形基础

支承整个建筑物的大面积整块钢筋混凝土板式基础称为筏形基础，也称为片筏基础。筏形基础适用于上部结构荷载大、地基承载力小、上部结构对地基不均匀沉降敏感的建筑物。筏形基础一般分柱下筏基和墙下筏基两类，前者是框架结构下的筏基，后者是承重墙结构下的筏基。筏形基础按结构形式分为板式结构和梁板式结构两类，其中板式结构筏形基础的厚度较大，构造简单；梁板式筏形基础板的厚度较小，但增加了双向梁，构造较复杂。筏形基础构造形式及实例如图 2-23 所示。

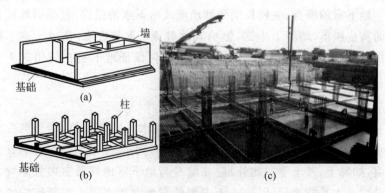

墙

基础

(a)

柱

基础

(b)   (c)

图 2-23　筏形基础示意及实例（AR 交互）

6）井格基础

当地基条件较差时，为了提高建筑物的整体性，防止柱子之间产生不均匀沉降，常将柱下基础沿纵、横两个方向连接起来，形成十字交叉的井格基础，如图 2-24 所示。

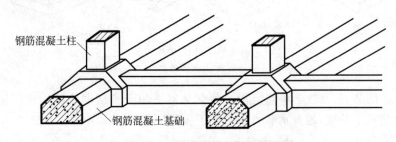

钢筋混凝土柱

钢筋混凝土基础

图 2-24   井格基础（AR 交互）

2.2   地下室的类型与构造

建筑物底层以下的房间叫地下室，它是在限定的占地面积中争取到的使用空间。高层建筑的基础很深，利用这个深度建造一层或多层地下室，既可提高建设用地的利用率，又不需要增加太多投资，适用于设备用房、储藏库房、地下商场、餐厅、车库以及战备防空等多种用途。

2.2.1   地下室类型

按使用功能，地下室分为普通地下室和防空地下室；按顶板标高，分为全地下室和半地下室；按结构材料，分为砖墙地下室和混凝土墙地下室。

2.2.2   地下室的构造

地下室的墙身、底板长期受到地潮或地下水的侵蚀，轻则引起室内墙面灰皮脱落，墙面上生霉，影响人体健康；重则进水，使地下室不能使用，或影响建筑物的耐久性。因此，如何保证地下室在使用时不受潮、不渗漏，是地下室构造设计的主要任务。

1. 地下室的防潮

地下室防潮的做法如下：砌体必须用水泥砂浆砌筑，墙外侧在做好水泥砂浆抹面后，涂冷底子油及乳化沥青两道，然后回填低渗透性的土壤，如黏土、灰土等。此外，应在墙身与地下室地坪及室内外地坪之间设墙身水平防潮层，以防止土中潮气和地面雨水因毛细管作用沿墙体上升而影响结构，如图 2-25 所示。

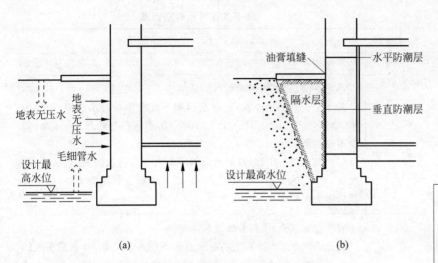

图 2-25　地下室的防潮做法

2. 地下室的防水

当地下水的常年水位和最高水位都在地下室地面标高以下时,地下室底板和墙体会受到土层中地潮的影响。当设计最高地下水位高于地下室地面时,地下室的底板和部分外墙将浸在水中。在水的作用下,地下室的外墙受到地下水的侧压力,底板则受到浮力作用,如图 2-26所示,而且地下水位高出地下室地面越高,侧压力和浮力就越大,渗水也越严重。因此,地下室外墙与底板应做好防水处理。

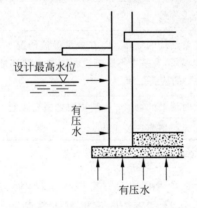

图 2-26　地下水对地下室的影响

1) 地下室防水等级及适用范围

《地下防水工程质量验收规范》(GB 50208—2011)规定,地下工程的防水等级分为四级,如表 2-1 所示。各级的标准应符合规定,一般的地下设备用房按二级设防,而人经常活动的场所必须按一级设防,如表 2-2 所示。地下室构造和施工必须满足《建筑工程施工质量验收统一标准》(GB 50300—2013)和《地下防水工程质量验收规范》(GB 50208—2011)的规定。

表 2-1　地下工程防水等级标准

防水等级	标　准
一级	不允许渗水,结构表面无湿渍
二级	不允许漏水,结构表面可有少量湿渍; 对于工业与民用建筑,总湿渍面积不应大于总防水面积(包括顶板、墙面、地面)的 1/100;任意 100m² 防水面积上的湿渍≤1 处,单个湿渍的最大面积不应大于 0.1m²; 对于其他地下工程,总湿渍面积不应大于总防水面积(包括顶板、墙面、地面)的 6/1000;任意 100m² 防水面积上的湿渍 4 处,单个湿渍的最大面积不应大于 0.2m²
三级	有少量漏水点,不得有线流和漏泥沙; 任意 100m² 防水面积上的漏水点数不应大于 7 处,单个漏水点的最大漏水量不应大于 2.5L/d,单个湿渍的最大面积不应大于 0.3m²
四级	有漏水点,不得有线流和漏泥沙; 整个工程平均漏水量不应大于 2.0L/d,单个湿渍的最大面积不应大于 0.3m²;任意 100m² 防水面积的平均漏水量不应大于 4.0L/d

表 2-2　不同防水等级适用范围

防水等级	适　用　范　围
一级	人员长期停留的场所;因有少量湿渍会使物品变质、失效的储物场所,及严重影响设备正常运转和危机工程安全运营的部位;极重要的战备工程
二级	人员经常活动的场所;因有少量湿渍情况下不会使物品变质、失效的储物场所,及基本不影响设备正常运转和危机工程安全运营的部位;重要的战备工程
三级	人员临时活动的场所;一般重要的战备工程
四级	对渗漏无严格要求的工程

知识扩展:

本章依据《民用建筑设计通则》(GB 50352—2005)编写:

6.3.2　地下室、半地下室作为主要用房使用时,应符合安全、卫生的要求,并应符合下列要求:

1　严禁将幼儿、老年人生活用房设在地下室或半地下室;

2　居住建筑中的居室不应布置在地下室内;当布置在半地下室时,必须对采光、通风、日照、防潮、排水及安全防护采取措施;

3　建筑物内的歌舞、娱乐、放映、游艺场所不应设置在地下二层及二层以下;当设置在地下一层时,地下一层地面与室外出入口地坪的高差不应大于 10m。

2)防水材料

目前我国地下室采用的防水方案按防水材料性能分为刚性自防水和柔性外防水做法,按材料分为防水混凝土自防水、水泥砂浆防水、卷材防水、涂料防水、塑料防水、金属板防水等。多数工程建在城市,场地狭窄,施工困难,防水方案要结合地下室使用功能、结构形式、环境条件和施工条件等综合因素考虑。如地下室处于侵蚀性介质中,应采用耐侵蚀防水混凝土、水泥砂浆防水、卷材防水、涂料防水、塑料防水等。当结构刚度较差或受振动荷载作用时,应采用卷材防水、涂料防水等柔性防水方案。

3)防水构造

地下室的防水构造分为外包防水和内包防水。

外包防水是将防水作法应用于外侧(迎水面)。在修缮工程中,将防水材料应用于内侧,称为内包防水。

采用外包防水卷材做法时,应在卷材外侧砌一道半砖厚保护墙,或采用 50mm 厚聚苯板作软保护,并回填 2：8 灰土作隔水层,如图 2-27、图 2-28 所示。

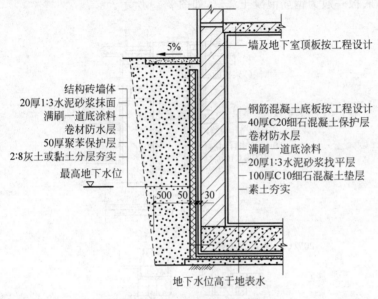

图 2-27　砖墙体防水构造(单位:mm)

图中标注:
- 5%
- 墙及地下室顶板按工程设计
- 结构砖墙体
- 20厚1:3水泥砂浆抹面
- 满刷一道底涂料
- 卷材防水层
- 50厚聚苯保护层
- 2:8灰土或黏土分层夯实
- 最高地下水位
- 钢筋混凝土底板按工程设计
- 40厚C20细石混凝土保护层
- 卷材防水层
- 满刷一道底涂料
- 20厚1:3水泥砂浆找平层
- 100厚C10细石混凝土垫层
- 素土夯实
- 500 50 30
- 地下水位高于地表水

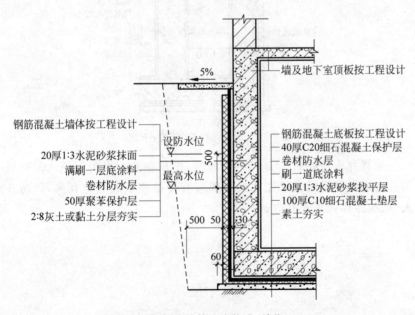

图 2-28　混凝土墙体防水构造(单位:mm)

图中标注:
- 5%
- 墙及地下室顶板按工程设计
- 钢筋混凝土墙体按工程设计
- 设防水位
- 500
- 20厚1:3水泥砂浆抹面
- 满刷一层底涂料
- 最高水位
- 卷材防水层
- 50厚聚苯保护层
- 2:8灰土或黏土分层夯实
- 钢筋混凝土底板按工程设计
- 40厚C20细石混凝土保护层
- 卷材防水层
- 刷一道底涂料
- 20厚1:3水泥砂浆找平层
- 100厚C10细石混凝土垫层
- 素土夯实
- 500 50 30
- 60

当地下室墙体为砖墙体时,其防水构造作法如图 2-27 所示。

当地下室墙体为混凝土墙体时,其防水构造的作法如图 2-28

所示。

4）采光井的构造

为便于利用地下室，应在采光窗的外侧设置采光井。一般单独设置每个窗子，也可以将几个窗井连在一起，中间用墙分开。

采光井由底板和侧墙构成，侧墙可以用砖墙或钢筋混凝土板墙制作，底板一般为钢筋混凝土浇筑，如图 2-29 所示。

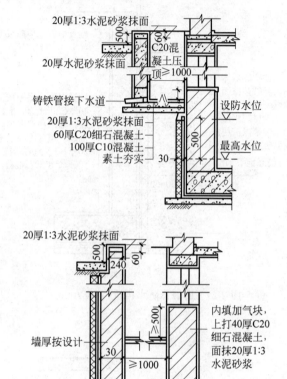

图 2-29　采光井构造（单位：mm）

采光井底板应有 1‰~3‰ 的坡度，把积存的雨水用钢筋水泥管或陶管引入地下管网。采光井的上部应有铸铁篦子或尼龙瓦盖，以防止人员、物品掉入采光井内。

第 3 章

墙　体

3.1　墙体的类型与要求

3.1.1　墙体的分类

根据墙体在建筑中的位置、受力情况、材料、构造及施工方法的不同,可将墙体分为不同的类型。

1. 按墙体所处位置及方向分类

按墙体所处的位置分类,可分为外墙和内墙。外墙是指建筑物的外围护结构,即房屋四周与室外接触的墙,起到挡风、遮雨、保温、隔热等作用;内墙则是位于房屋内部的墙,起到分隔内部空间的作用。

按墙体方向可将墙体分为纵墙与横墙。纵墙是指与建筑物长轴方向一致的墙;横墙是指与建筑物短轴方向一致的墙。内墙又可分为内横墙和内纵墙。

此外,各墙体分类还包括窗间墙、窗下墙等。比如,将窗洞口之间的墙称为窗间墙;窗洞口下面的墙称为窗下墙。将纵向外墙称为外纵墙;横向外墙称为山墙;屋顶上部高出屋面的墙称为女儿墙。各种墙体的名称如图 3-1 所示。

2. 按墙体受力情况分类

按受力情况可将墙体分为承重墙和非承重墙。直接承受由上部屋顶、楼板传来荷载的墙体称为承重墙;不承受由上部屋顶、楼板传来荷载的墙体则称为非承重墙。而墙体是否承重,是由其结构的支承体系来决定的。例如,在框架承重体系的建筑物中,墙体完全不承重;而在墙承重体系的建筑物中,墙体就有承重和非承重之分。其中,非承重墙还可分为自承重墙、填充墙、隔墙和幕墙等。自承重墙仅承担自重,并将自重传给基础;填充墙则是在框架结构中填充在框架间的墙,亦称为框架墙;隔墙仅起到分隔空间的作用,一般较为轻、薄,其自身的重力由楼板或梁来承受;幕墙是在框架结构外侧悬挂,不承受竖向荷载,

3-1　墙体的分类

知识扩展:

本章依据《全国民用建筑工程设计技术措施——规划·建筑·景观》编写:

4.1　墙体类型及材料

4.1.1　墙体的类型。墙体按其所处部位和性能分为:

1　外墙:包括承重墙、非承重墙(如框架结构填充墙)及幕墙。

2　内墙:包括承重墙、非承重墙(包括固定式和灵活隔断式)。

4.1.2　墙体的常用材料

1　常用于承重墙的材料如下。

(1) 钢筋混凝土。

(2) 蒸压类:主要有蒸压加气混凝土砌块、蒸压灰砂砖、蒸压粉煤灰砖等。

(3) 混凝土空心砌块类:主要有普通混凝土小型空心砌块。

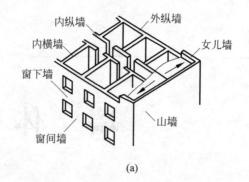

(a)

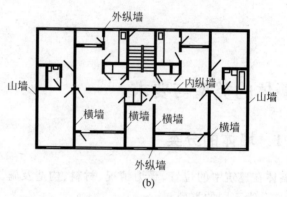

(b)

图 3-1 墙体位置名称

且固定在梁柱上的起围护作用的墙，高层建筑外侧的幕墙，受高空气流影响，需承受以风力为主的水平荷载，并通过与梁、柱的连接传递给框架系统。图 3-2 所示为墙体按受力情况所做的分类示意图。

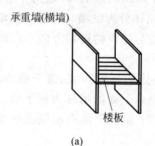

(a)

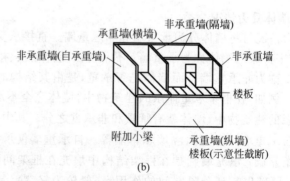

(b)

图 3-2　墙体按受力情况分类示意图

（a）砌体结构；（b）砌体结构；（c）框架结构——填充墙；（d）框架结构——幕墙

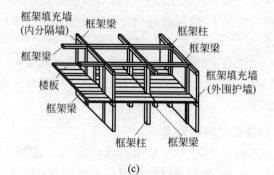

(c)

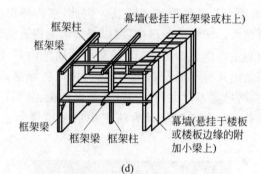

(d)

图 3-2 （续）

3. 按墙体材料分类

根据墙体建造材料的不同,墙体可分为砖墙、石墙、土墙、砌块墙、混凝土墙以及其他用轻质材料制作的墙体。

4. 按墙体的构造方式和施工方法分类

墙体按构造方式可分为实体墙、空体墙和组合墙等。实体墙由单一实体材料砌筑而成,如普通砖墙、实心砌块墙等。空体墙是由单一实体材料砌成内部空腔,如空斗砖墙,或者用具有孔洞的材料砌筑而成,如空心砌块墙、空心板材墙等。组合墙是由两种以上材料组合而成,如混凝土、加气混凝土复合板材墙等。

墙体按施工方法可分为块材墙、板筑墙和板材墙等。块材墙是用砂浆等胶结材料将砖石等块材组砌而成,如砖墙、石墙及各种砌块墙等。板筑墙是在现场立模板,在模板内夯筑或浇筑材料捣实而成的墙体,如夯土墙、钢筋混凝土墙等。板材墙是用预先制成的墙板,施工时安装而成的墙体,如预制混凝土大板墙、各种轻质条板内隔墙等。

3.1.2 墙体的设计要求

1. 结构要求

墙体作为承重构件,必须有足够的强度,才能承受由楼板或屋顶传来的荷载。墙体的强度取决于墙体材料的强度和墙体的厚度,在确定墙体材料强度的情况下,应通过结构计算来确定墙体的厚度,以满足墙体强度的要求。

墙体的稳定性与墙的高厚比有关,当确定墙的高度后,墙的厚度越大,其稳定性越好。另外,增加墙体的稳定性还可以通过增设墙垛、圈梁等方法来实现。

2. 墙体的保温与隔热要求

在北方寒冷地区,为了减少室内的热损失,要求围护结构要具有较好的保温能力。为此,墙体材料应选用导热系数小的材料,在确定材料之后,墙的保温能力与墙的厚度成正比。因此,室内外温度差越大,则墙体的厚度应越大。增加墙的厚度,可以提高墙的内表面温度,从而减少墙的内表面与室内空气的温差,降低蒸汽在墙的内部及内表面凝结的可能性。当墙由几种不同材料层组成时,可以将导热系数小的材料放在低温一侧,将导热系数大的材料放在高温一侧,从而达到有效防止墙内部凝结的作用。图 3-3 所示为施工中的外墙聚苯乙烯泡沫板保温层。

图 3-3　施工中的外墙聚苯乙烯泡沫板保温层

南方炎热地区则应以满足夏季防热要求为主,可通过加强自然通风、窗户遮阳和围护结构隔热等措施来实现。图 3-4 所示为外墙窗户遮阳构造。

图 3-4　外墙窗户遮阳构造

知识扩展:

本章依据《全国民用建筑工程设计技术措施——规划·建筑·景观》编写:

2　住宅建筑应符合下列规定:

(1)高度大于等于 100m 的建筑,其保温材料的燃烧性能应为 A 级。

(2)高度大于等于 60m 小于 100m 的建筑,其保温材料的燃烧性能不应低于 B2 级。当采用 B2 级保温材料时,每层应设置水平防火隔离带。

(3)高度大于等于 24m 小于 60m 的建筑,其保温材料的燃烧性能不应低于 B2 级。当采用 B2 级保温材料时,每两层应设置水平防火隔离带。

(4)高度小于 24m 的建筑,其保温材料的燃烧性能不应低于 B2 级。其中,当采用 B2 级保温材料时,每三层应设置水平防火隔离带。

3. 隔声要求

墙体应具有一定的隔声能力,才能有效阻碍外界噪声对室内环境的影响。墙体的隔声主要是指隔绝由空气传播的噪声。墙体的隔声能力与材料的密度有关,单位面积的质量越大,隔声能力越强。当墙的厚度一定时,材料的体积密度越大,则单位面积的质量越大,所以体积密度大的材料可有效隔绝外部噪声。同一材料的墙越厚,对隔声也越有利。此外,也可以采用一些构造措施如运用空气间层或多孔材料做夹层,加强门窗缝隙的密封等来提高墙体的隔声能力。图 3-5 所示为隔墙复合隔声板。

图 3-5　隔墙符合隔声板

4. 其他要求

1) 防火要求

墙体材料应符合《建筑设计防火规范》(GB 50016—2014)规定的燃烧性能和耐火极限的要求。对于占地面积或长度较长的建筑,还要按规定设置防火墙,将建筑物分成若干段,以防止火灾发生时火势蔓延。图 3-6 所示为防火墙的设置,图 3-7 所示为我国传统民居中的防火墙。

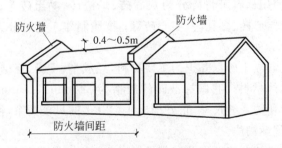

图 3-6　防火墙的设置图

2) 建筑工业要求

在大量民用建筑中,墙体工程量占据的比重相当大,从而导致劳动力消耗大、施工工期长。因此,墙体的设计应合理选材,以方便施工;

> **知识扩展:**
>
> 本章依据《全国民用建筑工程设计技术措施——规划·建筑·景观》编写:
>
> 3　其他民用建筑应符合下列规定:
>
> (1) 高度大于等于 50m 的建筑,其保温材料的燃烧性能应为 A 级。
>
> (2) 高度大于等于 24m 小于 50m 的建筑,其保温材料的燃烧性能应为 A 级或 B1 级。其中,当采用 B1 级保温材料时,每两层应设置水平防火隔离带。
>
> (3) 高度小于 24m 的建筑,其保温材料的燃烧性能不应低于 B2 级。其中,当采用 B2 级保温材料时,每层应设置水平防火隔离带。

3-2　标准黏土砖

图 3-7　传统民居中的防火墙

知识扩展：

本章依据《砌体结构设计规范》(GB 50003—2011)编写：

2.1　术语

2.1.1　砌体结构 masonry structure

由块体和砂浆砌筑而成的墙、柱作为建筑物主要受力构件的结构，是砖砌体、砌块砌体和石砌体结构的统称。

2.1.2　配筋砌体结构 reinforced masonry structure

由配置钢筋的砌体作为建筑物主要受力构件的结构，是网状配筋砌体柱、水平配筋砌体墙、砖砌体和钢筋混凝土面层或钢筋砂浆面层组合砌体柱(墙)、砖砌体和钢筋混凝土构造柱组合墙和配筋砌块砌体剪力墙结构的统称。

2.1.3　配筋砌块砌体剪力墙结构 reinforced concrete masonry shear wall structure

由承受竖向和水平作用的配筋砌块砌体剪力墙和混凝土楼、屋盖所组成的房屋建筑结构。

提高机械化施工程度，以提高工效，降低劳动强度；采用轻质高强的墙体材料，以减轻自重、降低成本；通过这些措施逐步实现建筑工业化。同时，墙体设计还应解决结构、热工、隔声之间的矛盾。

3.2　墙体构造

3.2.1　砖砌体墙构造

1. 砖墙材料

砖墙是由砖和砂浆按一定规律和组砌方式进行砌筑的墙体。砖墙在我国有较为悠久的历史，并且保温、隔热及隔声效果较好，具有防火和防冻性能，有一定的承载能力，取材容易，生产制造及施工操作简单。但是，由于烧制黏土砖耗用耕地资源，大部分地区已经限制使用黏土砖。砖的种类繁多，且使用材料、形状特点、制作工艺等均不尽相同。其中，按照使用材料可将砖分为灰砂砖、炉渣砖、黏土砖等；按照形状特点可分为空心砖、多孔砖、实心砖等；按照制作工艺可分为烧结和蒸压养护成型等种类。

普通实心黏土砖以黏土为主要材料，经成型、干燥、烧结而成，是我国传统的墙体材料。我国标准砖的规格为 240mm×115mm×53mm，加上砌筑时所需灰缝尺寸，正好构成 4∶2∶1 的尺度关系，便于砌筑组合，但现已逐渐淘汰。

烧结空心砖和烧结多孔砖都是以黏土、页岩、煤矸石等为主要原料经焙烧而成的。空心砖孔洞为水平孔，孔洞率大于或等于 35%，如图 3-8 所示。多孔砖的孔洞尺寸小而数量多，孔洞率通常为 15%～30%，如图 3-9 所示。这两种砖适用于非承重墙体，但不应用于地面以下或防潮层以下的墙体。

图 3-8　烧结空心砖　　　　图 3-9　烧结多孔砖

2. 砖墙的基本尺寸及砖墙的厚度

砖墙尺寸主要包括砖墙的厚度、墙段长度和墙体高度等方面,下面重点介绍砖墙厚度的尺寸。

如用标准尺寸的实心砖,墙厚通常用砖长的倍数来称呼,如半砖墙、一砖墙、一砖半墙等。工程中常以标志尺寸来称呼,如12墙、24墙、37墙等。图 3-10 所示为墙厚与砖的规格的关系,表 3-1 为墙厚的名称。

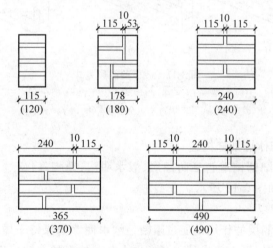

图 3-10　墙厚与砖的规格关系(单位:mm)

注:括号内的尺寸为标准尺寸。

表 3-1　墙厚名称 mm

墙厚名称	1/4 砖墙	半砖墙	3/4 砖墙	1 砖墙	1 砖半墙	2 砖墙
习惯称呼	6 厚墙	12 墙	18 墙	24 墙	37 墙	49 墙
实际尺寸	53	115	178	240	365	490

3. 砖墙的组砌方式

组砌是指块材在砌体中的排列方式。砖墙在组砌时,砖的长度方向垂直于墙面砌筑的砖称为丁砖,砖的长度方向平行于墙面砌筑的砖称为顺砖。上、下两皮砖之间的水平缝称为横缝,左、右两块砖之间的缝称为竖缝。缝宽可在 8～12mm 之间进行调节,通常标准缝宽为 10mm。在砌筑墙体时,为确保墙体质量,必须做到横平竖直、错缝搭接、砂浆饱满、厚薄均匀。

砖墙的组砌方式很多,应根据墙体厚度、墙面观感和施工便利进行选择,常见的组砌方式有全顺式、一顺一丁式、三顺一丁式、十字式(也称梅花丁)等,具体情况如图 3-11 所示。

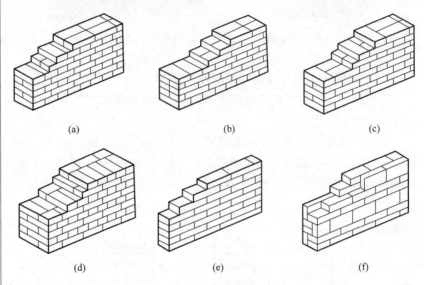

图 3-11　砖墙的组砌方式

(a) 一顺一丁(24墙);(b) 三顺一丁;(c) 梅花丁;
(d) 一顺一丁(37墙);(e) 全顺式;(f) 两平一侧砌法

4. 砖砌体墙细部构造

墙体的细部构造包括防潮层、散水明沟、勒脚、门窗过梁、窗台、抗震构造等,如图 3-12 所示。

1) 防潮层

墙身防潮层的作用是通过阻断毛细水使墙身保持干燥。当不设防潮层时,基础周围土壤中的水分会进入基础材料的孔隙形成毛细水,然后毛细水沿基础进入墙内,使墙身潮湿,进而影响墙体的耐久性和室内的湿度。为了防止毛细水进入墙内,必须对墙身进行防潮处理。

防潮层根据材料的不同,可分为防水砂浆防潮层、油毡防潮层和细石混凝土防潮层。一般在建筑物内、外墙靠近室内地坪处沿水平方向设置防潮层。

防水砂浆防潮层是将 20～25mm 厚的防水砂浆抹在防潮层部位做成的。防水砂浆由 1:2 的水泥砂浆掺入占水泥质量 3%～5% 的防水剂制成。也可在防潮层位置上用防水砂浆砌筑 2～3 皮砖,如图 3-13(a)所示。由于砂浆为脆性材料,在地基发生不均匀沉降时会产生裂缝,从而失去防潮的功能。

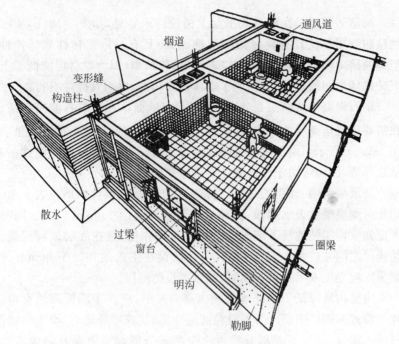

3-3 墙身防潮

图 3-12 砖砌体墙的细部构造

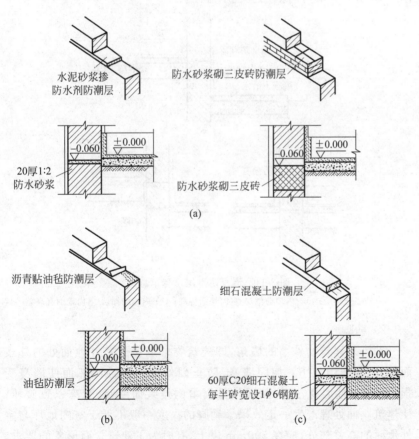

图 3-13 墙身防潮层构造

(a) 防水砂浆防潮层；(b) 油毡防潮层；(c) 细石混凝土防潮层

油毡防潮层是在砂浆找平层上铺设防水卷材,如图 3-13(b)所示。油毡防潮层不仅具有良好的防潮性能,还具有一定的韧性和延伸性。但是油毡防潮层不宜用于有抗震要求的建筑中,因为卷材层降低了上、下砖砌体之间的黏结力,削弱了墙体的整体性,故而对抗震不利。

细石混凝土防潮层是将 60mm 厚 C15 或 C20 的细石混凝土铺设在需要设置防潮层的位置,内配 3φ6 或 3φ8 的钢筋以达到抗裂效果,如图 3-13(c)所示。由于它与砖砌体结合紧密,并具有良好的防潮性能和抗裂性能,因而适用于整体刚度要求较高的建筑。

防潮层与墙、地面的情况,直接影响防潮层在墙体内的位置。为了防止防潮层受地表水溅渗,应使其高于室外地面 150mm 以上。同时,考虑到室内实铺地坪下填土或垫层的毛细作用,应在底层地坪混凝土结构层之间的砖缝中设置防潮层,一般设在室内地坪以下 60mm 处。如采用混凝土或毛石砌筑勒脚,则可不设防潮层。

当室内地坪低于室外地面或出现高差时,应在不同标高的室内地坪处设置两道防潮层。为了避免高地坪房间(或室外地面)填土中的潮气侵入墙身,可对高差部分靠近土层的垂直墙面采取垂直防潮措施。图 3-14 所示为墙身防潮层位置示意图。

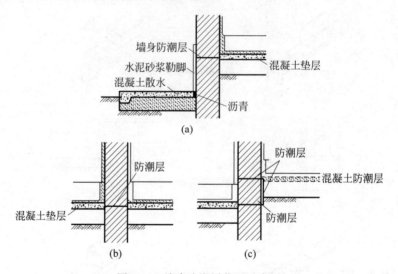

图 3-14 墙身防潮层位置示意图
(a)外墙防潮层;(b)内墙防潮层-室内地面等高;(c)内墙防潮层-室内地面有高差

2)勒脚

勒脚是建筑物外墙的墙角,即建筑物外墙接近室外地面处的外表面部分,其作用如下:加固墙身,防止因外墙机械性破坏而使墙身受损;保护近地墙身,以防其因外界雨雪的侵袭而受潮、受冻以致破坏;使建筑立面处理产生一定效果。勒脚的高度一般不低于室内地坪与室外地面的高差部分,应在 500mm 以上,有时为了建筑立面形象的要求,可以把勒脚高度顶部提高到底层窗台处。

勒脚有以下三种常见做法：一是勒脚部位选用诸如天然石材、混凝土块等既坚实又防水的材料砌成；二是在勒脚部位采用如花岗石板、面砖、水磨石板等天然或人工石材贴面；三是在勒脚部位的表面抹灰。图 3-15 所示便为勒脚的构造。

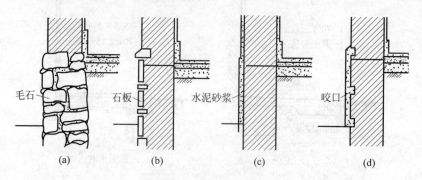

图 3-15　勒脚构造

(a) 毛石勒脚；(b) 石板贴面勒脚；(c) 抹灰勒脚；(d) 带咬口抹灰勒脚

勒脚的高度根据立面处理的需要，可做到一层窗台处或者更高，但一般高度应与室内地面相平。勒脚实例如图 3-16 所示。

图 3-16　勒脚实例

(a) 石材砌筑勒脚；(b) 面砖贴面勒脚；(c) 水泥砂浆抹灰勒脚

3）散水和明沟

为保护墙基不受雨水的侵蚀，常在建筑物外墙四周将地面做成向外倾斜的坡面，以便将屋面雨水排至远处，这一坡面称为散水或护坡。还可以在外墙四周做明沟，将通过雨水管流下的雨水导向地下排水系统。

一般雨水较多的地区多做明沟，干燥的地区多做散水。散水所用材料与明沟相同，可用水泥砂浆、混凝土、砖、块石等作为面层材料。散水宽度应宽出屋檐 200mm，一般大于 600mm，应在其与勒脚交界处预留通长缝隙，内填粗砂，上嵌沥青胶灌缝，以防建筑物沉降和土壤冻胀引起散水和外墙身交接处开裂，其中散水坡度通常为 3%～5%。为防止建筑物沉降和土壤冻胀引起散水和外墙身的交接处开裂，应沿交接处设置通长缝。

明沟为建筑物四周靠外墙的排水沟，有砖砌明沟、石砌明沟、混凝土明沟三种，通常用于排除屋面落下的雨水。

散水与明沟的结构构造如图 3-17 所示。

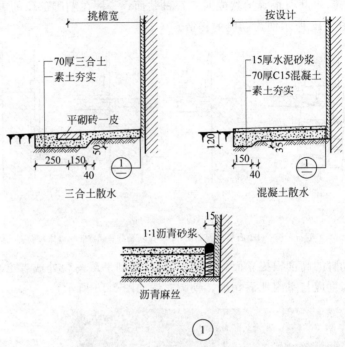

(a)

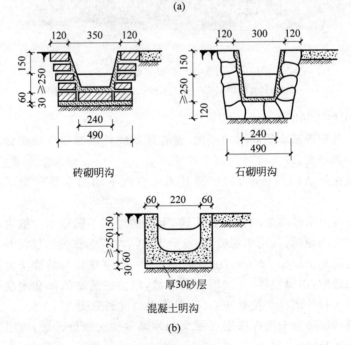

(b)

图 3-17　散水和明沟的构造（单位：mm）

(a) 散水构造；(b) 明沟构造

4）过梁

在门窗洞口两侧设置的横梁称为门窗过梁。当墙体上开设门、窗等洞口时，过梁用于承受洞口上部砌体传来的荷载，并把荷载传给洞口两侧的墙体。一般情况下，由于墙体砖块之间的相互咬接，致使过梁上墙体的重力并不是全部压在过梁上，如图3-18所示，只有三角部分的墙体重力压在过梁上。通常常见过梁有三种，分别为钢筋混凝土过梁、砖拱过梁和钢筋砖过梁。

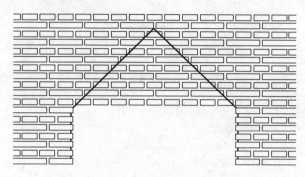

图3-18 过梁的受荷范围

钢筋混凝土过梁因其坚固耐用、施工方便的特点而被广泛应用。其适用于门窗洞口宽度和荷载较大，且可能产生不均匀沉降的墙体中。钢筋混凝土过梁有现浇和预制两种类型，梁高及配筋按计算结果确定。为施工方便，梁高应是砖厚的倍数，常见规格有60mm、120mm、180mm和240mm。梁宽同墙厚，其两端支承在墙上的长度每边不应少于250mm。过梁的断面有L形和矩形，如图3-19所示，其中L形过梁多用于外墙和清水墙面，矩形多用于内墙和混水墙面。在寒冷地区，可采用L形过梁或组合过梁使外露面积减小来避免过梁内产生冷凝水的情况发生。图3-20所示为尚未抹灰的钢筋混凝土门过梁实例。

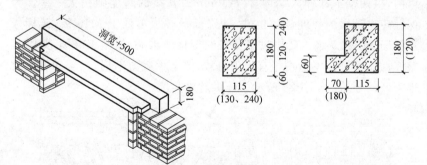

图3-19 钢筋混凝土过梁的断面形式（单位：mm）

如果圈梁设置在门窗洞口的上方，门窗过梁则宜与圈梁统一设计并合并。如果因门窗洞口的标高不一致，出现圈梁被门窗洞口截断而不能交圈的情况时，应在洞口上方设置一道不小于圈梁截面的附加圈梁。附加圈梁与圈梁的重叠长度不应小于两者中心线垂直距离的

知识扩展：

本章依据《全国民用建筑工程设计技术措施——规划·建筑·景观》编写：

4.2.2 墙体防水

1 内隔墙：石膏板隔墙用于卫浴间、厨房时，应做墙面防水处理，根部应做C20混凝土条基，条基高度距完成面不低于100mm。

2 外墙：建筑物外墙应根据工程性质、当地气候条件、所采用的墙体材料及饰面材料等因素确定防水做法。一般外墙防水做法采用防水砂浆，设计时应注意细节的构造处理。

（1）不同墙体材料交接处应在饰面找平层中铺设钢丝网或玻纤网格布；

（2）对于墙体采用空心砌块或轻质砖的建筑，基本风压值大于0.6kPa或雨量充沛地区，以及对防水有较高要求的建筑等，外墙或迎风面外墙宜采用20mm防水砂浆或7mm厚聚合物水泥砂浆抹面后，再做外饰面层；

（3）加气混凝土外墙应采用配套砂浆砌筑，配套砂浆抹面或加钢丝网抹面；

3-4 混凝土过梁

图 3-20 钢筋混凝土过梁实例

2 倍,且不得小于 1000mm,如图 3-21 所示。

图 3-21 附加圈梁与圈梁的搭接

砖拱过梁是我国传统的过梁做法,分为平拱和弧拱两类,如图 3-22 所示。平拱过梁是对称于中心而倾向两侧的拱,楔形灰缝上宽下窄,相互挤压形成拱,通常用砖侧砌或立砌而成。平拱的适宜跨度在 1.2m 以内,拱两端下部伸入墙内 20~30mm。弧拱的跨度则稍大一些。为保证砖拱过梁的强度和稳定性,砂浆标号必须不低于 M10 级,砖标号不低于 MU7.5 级。砖拱过梁虽节约钢材和水泥,但施工麻烦,并因其整体性能不好而不适用于有集中荷载、地基承载力不均匀、震动较大及地震区的建筑。图 3-23 所示为砖拱过梁实例。

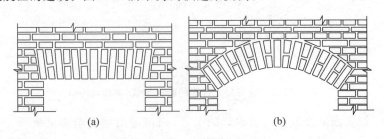

(a)　　　　　　　　(b)

图 3-22 砖拱过梁
(a)平拱过梁;(b)弧拱过梁

图 3-23　砖拱过梁实例

钢筋砖过梁是可承受荷载的加筋砖砌体,其用砖平砌,并在灰缝中配置钢筋,每 240mm 厚墙配 2～3 根 φ6 的钢筋,于洞口上部的砂浆层内放置,砂浆层为 30mm 厚的 1:3 水泥砂浆,钢筋两边伸入支座长度不小于 240mm,并加弯钩。通常为使洞口上部的砌体与钢筋形成过梁,用 M5 级砂浆在相当于 1/4 跨度的高度范围内(一般为 5～7 皮砖)砌筑。钢筋砖过梁适用于跨度在 2m 以内的门窗洞口,如图 3-24 所示。

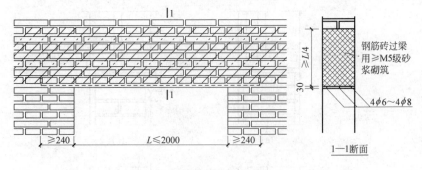

钢筋砖过梁
用≥M5级砂浆砌筑

4φ6～4φ8

1—1断面

图 3-24　钢筋砖过梁(单位:mm)

5) 窗台

当室外雨水沿窗扇流淌时,为避免雨水聚积在窗下并侵入墙身,进而沿窗框向室内渗透(图 3-25),可于窗下靠室外一侧设置泄水构件即窗台,窗台应向外形成一定的坡度,以利排水。

窗台有悬挑和不悬挑两种。悬挑窗台常采用顶砌一皮砖出挑 60mm 或将一砖侧砌并出挑 60mm,也可采用钢筋混凝土窗台。窗台表面的坡度可由斜砌的砖形成,也可用 1:2.5 水泥砂浆抹出,并在挑窗台底部边缘处抹灰时做滴水线或滴水槽,如图 3-26 所示。

6) 墙体的抗震构造

墙体在有可能承受上部集中荷载、开设门窗洞口等因素时,还可能受到地震等因素的影响,因此对墙体强度和稳定性的加固在所难免。常用的加固措施有设置圈梁和构造柱以及增设壁柱和门垛等。

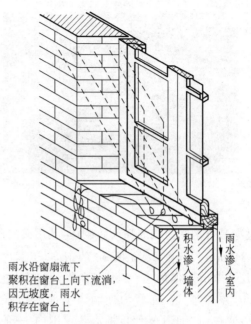

雨水沿窗扇流下
聚积在窗台上向下流淌，
因无坡度，雨水
积存在窗台上

积水渗入墙体

雨水渗入室内

图 3-25　窗台排水情况

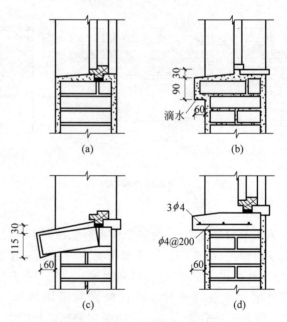

图 3-26　窗台构造(单位：mm)

(a) 不悬挑窗台；(b) 粉滴水的悬挑窗台；(c) 侧砌砖窗台；(d) 预制钢筋混凝土窗台

　　(1)圈梁是沿外墙四周及内墙设置的连续闭合的钢筋混凝土卧梁。其作用是提高建筑物的整体刚度，增强稳定性，减少由于地基不均匀沉降而引起的开裂，提高建筑物的抗震能力。

　　圈梁是墙体的一部分，与墙体共同承重，不单独承重，只需进行构造配筋。其中配筋应符合表 3-2 要求。

表 3-2 多层砖砌体房屋圈梁配筋要求

配 筋	地震设防烈度		
	6度、7度	8度	9度
最小纵筋	$4\phi10$	$4\phi12$	$4\phi14$
箍筋最大间距	$\phi6@250$	$\phi6@200$	$\phi6@150$

圈梁有两种,分别为钢筋混凝土圈梁和钢筋砖圈梁,如图 3-27 所示。钢筋混凝土圈梁的高度不应小于 120mm,且是砖厚度的倍数,宽度应同墙厚。在寒冷地区,圈梁的宽度可以略小于墙厚以避免出现冷桥,但不宜小于墙厚的 2/3。如图 3-28 所示为钢筋混凝土圈梁实例。

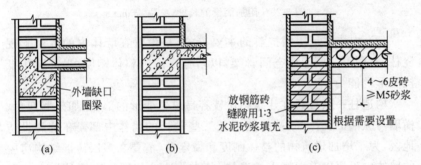

图 3-27 圈梁的构造

(a) 钢筋混凝土圈梁——预制楼板;(b) 钢筋混凝土圈梁——现浇楼板;(c) 钢筋砖圈梁

图 3-28 钢筋混凝土圈梁实例

混合结构中的圈梁往往不止一道,其数量与建筑的高度、层数、地基情况和防震要求有关,表 3-3 所示为《建筑抗震设计规范》(GB 50011—2010)按照不同的抗震设防烈度给出混凝土圈梁的设置要求。

表 3-3 多层砖砌体房屋现浇钢筋混凝土圈梁设置要求

墙类	烈度		
	6度、7度	8度	9度
外墙和内纵墙	屋盖处及隔层楼盖处	屋盖处及每层楼盖处	屋盖处及每层楼盖处
内横墙	屋盖处及隔层楼盖处; 屋盖处间距不大于 4.5m; 楼盖处间距不大于 7.2m; 构造柱对应部位	屋盖处及隔层楼盖处; 屋盖处沿所有横墙,且间距不大于 4.5m; 构造柱对应部位	屋盖处及隔层楼盖处; 隔层所有横墙

3-5 圈梁、构造柱

知识扩展:

本章依据《砌体结构设计规范》(GB 50003—2011)编写:

7.2.3 过梁的计算,宜符合下列规定:

1 砖砌平拱受弯和受剪承载力,可按 5.4.1 条和 5.4.2 条计算。

2 钢筋砖过梁的受弯承载力可按式(7.2.3)计算,受剪承载力,可按本规范第 5.4.2 条计算;

$$M \leqslant 0.85 h_0 f_y A_s$$
(7.2.3)

式中:M——按简支梁计算的跨中弯矩设计值;

h_0——过梁截面的有效高度,$h_0 = h - a_s$;

a_s——受拉钢筋重心至截面下边缘的距离;

h——过梁的截面计算高度,取过梁底面以上的墙体高度,但不大于 $l_n/3$;当考虑梁、板传来的荷载时,则按梁、板下的高度采用;

f_y——钢筋的抗拉强度设计值;

A_s——受拉钢筋的截面面积。

3 混凝土过梁的承载力,应按混凝土受弯构件计算。验算过梁下砌体局部受压承载力时,可不考虑上层荷载的影响;梁端底面压应力图形完整系数可取 1.0,梁端有效支承长度可取实际支承长度,但不应大于墙厚。

圈梁可设在顶层屋盖、楼板层、基础顶部和门窗洞口上方。在特殊情况下，当遇有门窗洞口致使圈梁局部截断时，应在洞口上方增设附加圈梁，其与圈梁的搭接长度不应小于其垂直间距的 2 倍，且不得小于1000mm，如图 3-29 所示。

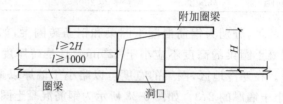

图 3-29　附加圈梁的长度(单位：mm)

（2）构造柱是房屋抗震的主要措施，是设置在墙体内的混凝土现浇柱，与圈梁共同形成空间骨架，以增强房屋的整体刚度，提高墙体抵抗变形的能力。

构造柱一般设置在建筑物比较容易发生变形的部位，如外墙四角、横墙与纵墙的交接处、楼梯间以及某些较长的墙体中部。在抗震设防地区，为了增加建筑物的整体刚度和稳定性，需要在多层砖混结构房屋的墙体中设置钢筋混凝土构造柱，其中构造柱与圈梁连接（图 3-30）形成空间骨架，可大大提高建筑物的整体性和刚度，提高墙体抵抗变形的能力，使墙体在受到破坏时可以裂而不倒，如图 3-31 所示。

知识扩展：

本章依据《砌体结构设计规范》(GB 50003—2011)编写：

7.2.4　砖砌过梁的构造，应符合下列规定：

1　砖砌过梁截面计算高度内的砂浆不宜低于 M5(Mb5、Ms5)；

2　砖砌平拱用竖砖砌筑部分的高度不应小于 240mm；

3　钢筋砖过梁底面砂浆层处的钢筋，其直径不应小于 5mm，间距不宜大于 120mm，钢筋伸入支座砌体内的长度不宜小于 240mm，砂浆层的厚度不宜小于 30mm。

图 3-30　构造柱与圈梁连接

图 3-31　空间骨架使房屋裂而不倒

《建筑抗震设计规范》(GB 50011—2010)对构造柱的设置要求如表 3-4 所示。

表 3-4　多层砖砌体房屋构造柱设置要求

房屋层数				设置部位	
6度	7度	8度	9度	楼、电梯间的四角,楼梯斜梯段上、下端对应的墙体处;	隔12m,或单元横墙与外纵墙交接处; 楼梯间对应的另一侧内横墙与外纵墙交接处;
四、五	三、四	二、三		外墙四角和对应转角;	隔开间横墙(轴线)与外墙交接处;
六	五	四	二	错层部位横墙与外墙交接处;	山墙与内纵墙交接处
七	≥六	≥五	≥三	大房间内、外墙交接处; 较大洞口两侧	内墙(轴线)与外墙交接处; 内墙的局部较小墙垛处; 内纵墙与横墙(轴线)交接处

　　构造柱不单独承重,不需设置基础,但应与埋深小于 500mm 的基础圈梁相连,或伸入室外地面下 500mm。柱截面一般与墙体厚度一致,通常为 240mm×240mm,最小截面尺寸应为 240mm×180mm。为加强与墙体的咬结,应在构造柱与墙体的连接处砌马牙槎。竖向钢筋即主筋一般采用 4ϕ12,箍筋间距不大于 250mm。施工时应先砌墙,后浇钢筋混凝柱,且应在墙与柱之间每隔 500mm 沿墙高设 2ϕ6 拉结钢筋,每边伸入墙内不小于 1m。图 3-32 所示为构造柱配筋示意图,图 3-33 为构造柱实例。

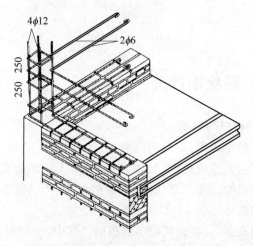

图 3-32　构造柱配筋示意图(单位:mm)

　　(3)当墙体因承受集中荷载而导致强度不能满足要求,或由于墙体长度、高度超过一定限度而影响墙体稳定性时,常在墙体局部适当位

3-6　墙墩

图 3-33　砖墙构造柱实例

置增设壁柱,使之和墙体共同承担荷载并稳定墙身。壁柱突出墙面的尺寸应符合砖的规格,一般为 120mm×370mm、240mm×370mm、240mm×490mm,或根据结构计算来确定,如图 3-34(a)所示。

　　当在墙体转角处或在丁字墙交接处开设门洞时,为保证墙体的承载力及稳定性,且便于安装门窗,应设门垛。门垛长度一般为 120mm 或 240mm,宽度与墙厚一致,如图 3-34(b)所示。

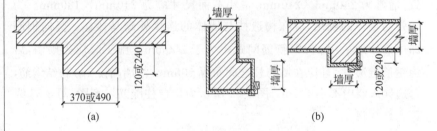

图 3-34　壁柱与门垛(单位:mm)

(a)壁柱;(b)门垛

3.2.2　砌块墙构造

1. 砌块的材料与种类

　　砌块的外形比砖大,是利用混凝土、工业废料(炉渣、粉煤灰等)或地方材料制成的人造块材,其制作方便,不需大型的起重运输设备,且具有较大的灵活性。使用砌块,既容易组织生产,又能节约能源,且能减少对耕地的破坏。

　　砌块类型众多,分类方式也不尽相同。其中,按材料可分为普通混凝土砌块、加气混凝土砌块、轻骨料混凝土砌块以及利用各种工业废料制成的砌块。按构造可分为实心砌块和空心砌块,其中空心砌块有单排方孔、单排圆孔和多排扁孔等形式,且多排扁孔对保温较为有利。按砌块在砌体中的作用和位置,还可分为主砌块和辅砌块。按砌块的质量和尺寸可分为小型、中型、大型砌块。砌块系列中主规格的高度在115～380mm 之间,单块质量不超过 20kg 的为小型砌块;高度在380～980mm 之间,单块质量在 20～340kg 之间的为中型砌块;高度大于 980mm 且单块质量大于 350kg 的为大型砌块。其中,中、小型砌块目前在我国应较多。图 3-35 所示为砌块形式实例。

图 3-35　砌块形式实例

2. 小型砌块墙的设计要点

应根据建筑的初步设计,做好砌块的试排工作,才可以保证砌块墙的合理组合以及牢固搭接。应正确选择砌块的规格和尺寸,按建筑物的平面尺寸、层高对墙体进行合理的分块和搭接。为此,应在砌块的平面图和立面图上进行砌块的排列,且注明每一砌块的型号,以便于施工时按排列图进料和砌筑。砌块的排列设计应符合以下要求。

(1)排列既要考虑建筑物的立面美观,又要考虑建筑施工的简单,即力求整齐与规律性。

(2)上、下皮砌块应错缝搭接,尽量减少通缝,内外墙和转角处砌块应彼此搭接,以加强整体性。

(3)主规格砌块的使用应占总数量的 70% 以上,且应尽量减少砌块的使用种类。在砌块墙体中,可少量使用普通砖镶砖填缝,但为了保证立面的美观和整体性,镶砖时,应注意尽可能分散和对称。

(4)空心砌块上、下皮之间应孔对孔、肋对肋,以保证有足够的受压面积。

图 3-36 所示为砌块排列示意图。

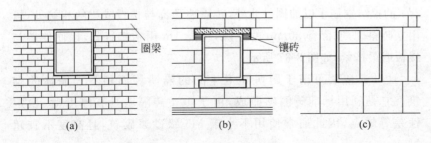

图 3-36　砌块排列示意图
(a)小型砌块排列示意;(b)中型砌块排列示意;(c)大型砌块排列示意

3-7　轻骨架隔墙

3.3　隔墙构造

　　隔墙是分隔房间的非承重构件，其本身重力由楼板或梁来承担。在现代的建筑中，平面布局多样灵活，空间应用功能不一，居住者对居住环境的要求也越来越高，因此隔墙应注意以下要求：

　　（1）隔声能力好，以避免不同房间之间的干扰。

　　（2）对于一些具有特殊功能的房间，如厨房、卫生间等，还应具有较强的防火能力以及防水和防潮功能。

　　（3）由于隔墙是非承重构件，它不承受任何外来荷载，并且自身的重力还要由其他构件来支承，因此应自重轻以减轻楼板的荷载，厚度薄以提高空间的有效利用性。

　　（4）房间的分隔状况也许会根据需要而改变，因此隔墙应便于拆卸且不破坏其他构件。隔墙按其构造方式可分为块材隔墙、轻骨架隔墙和板材隔墙三类。

3.3.1　块材隔墙

　　常用的块材隔墙有普通砖隔墙和砌块隔墙两种，是利用普通黏土砖、空心砖以及各种轻质砌块等块材砌筑而成的。其构造简单，应用时要注意块材之间的结合、墙体稳定性、墙体重力和刚度对结构的影响等问题。

1. 普通砖隔墙

　　普通砖隔墙分为半砖隔墙和 1/4 砖隔墙。对于半砖隔墙，若采用 M2.5 的砂浆砌筑，则高度不宜超过 3.6m，长度不宜超过 5m；若采用 M5 级砂浆砌筑，则高度不宜超过 4m，长度不宜超过 6m。否则，在砌筑时与承重墙牢固搭接的基础上，还应在墙身高度方向每隔 600mm 加 2φ4 的拉结钢筋予以加固。此外，砖隔墙顶部与楼板或梁的相接处，可用立砖斜砌，或留有 30mm 的空隙，每隔 1m 用木楔钉紧，以便使墙与楼板或梁挤紧，如图 3-37 所示。

　　1/4 砖隔墙可用于厨房和卫生间的隔墙等面积不大墙体的砌筑。它是利用标准砖侧砌而成，由于 1/4 砖隔墙具有厚度薄、稳定性差等缺点，因此通常使用不小于 M5 级砂浆砌筑，且高度不宜超过 3m。

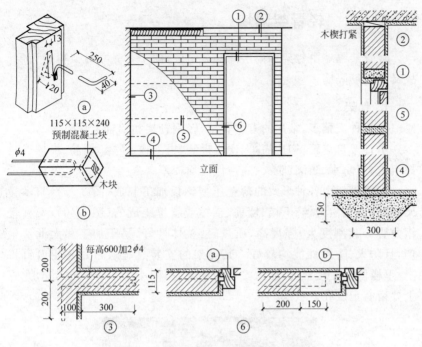

图 3-37 半砖隔墙构造(单位：mm)

2. 砌块隔墙

通常使用质轻块大的砌块以减轻隔墙自重,如加气混凝土块、水泥炉渣砌块、粉煤灰砌块等。隔墙厚由砌块尺寸决定,一般为 90～120mm,加固措施与 1/2 砖隔墙的做法相同。大多砌块虽质轻、隔热且孔隙率大,但吸水性强,因而在砌筑时,应先在墙下实砌 3～5 皮实心黏土砖再砌砌块,如图 3-38 所示。

图 3-38 砌块隔墙实例

知识扩展：

本章依据《砌体结构设计规范》(GB 50003—2011)编写：

2.1 术语

2.1.8 混凝土小型空心砌块 concrete small hollow block

由普通混凝土或轻集料混凝土制成,主规格尺寸为 390mm×190mm×190mm、空心率为 25%～50% 的空心砌块。简称混凝土砌块或砌块。

知识扩展:

本章依据《砌体结构设计规范》(GB 50003—2011)编写:

2.1.9 混凝土砖 concrete brick

以水泥为胶结材料,以砂、石等为主要集料,加水搅拌、成型、养护制成的一种多孔的混凝土半盲孔砖或实心砖。多孔砖的主规格尺寸为 240mm × 115mm × 90mm、240mm × 190mm × 90mm、190mm × 190mm × 90mm 等;实心砖的主规格尺寸为 240mm × 115mm × 53mm、240mm × 115mm × 90mm 等。

2.1.10 混凝土砌块(砖)专用砌筑砂浆 mortar for concrete small hollow block

由水泥、砂、水以及根据需要掺入的掺合料和外加剂等组分,按一定比例,采用机械拌和制成,专门用于砌筑混凝土砌块的砌筑砂浆。简称砌块专用砂浆。

3.3.2 轻骨架隔墙

轻骨架隔墙由骨架和面层两部分组成,由于其先立骨架再做面层,故又称立筋隔墙。

1. 骨架

骨架种类繁多,常用的有木骨架、轻钢骨架和铝合金骨架等。

木骨架自重轻、构造简单、便于拆装,由上槛、下槛、墙筋、横撑或斜撑组成,但防水、防潮、防火、隔声性能均较差。

轻钢骨架由各种形式的薄壁压型钢板加工制成(图 3-39),与木骨架相同,也是由上槛、下槛、墙筋、横撑或斜撑组成的(图 3-40),又称轻钢龙骨。其刚度大,强度高,质量轻,整体性好,易于加工和大批量生产,且防火、防潮性能均较好。其骨架的安装过程通常是先用射钉将上、下槛固定在楼板上,然后安装轻钢龙骨,间距为 400～600mm,龙骨上要留有走线孔。

图 3-39 轻钢龙骨形式举例

图 3-40 轻钢骨架

2. 面层

隔墙的面层有两种,分别为抹灰面层和人造板面层。抹灰面层通常采用木骨架,如传统木板条抹灰隔墙;人造板面层则是在木骨架或轻钢龙骨的基础上再铺钉各种人造板材,如装饰吸声板、纤维板、钙塑板及各种胶合板等。

1) 板条抹灰面层

板条抹灰隔墙具有质量轻、便于安装和拆卸的特点,是过去常用的一种隔墙,但由于其防火性、防水性均较差以及耗费木材等缺点,目前较少采用。安装时,先在木骨架两侧钉上木板条,然后抹灰。板条需钉在墙筋立柱上,且板条之间应在垂直方向留有 6~10mm 的缝隙,以便于抹灰时灰浆挤入缝内抓住板条。板条的接头必须位于墙筋立柱上,且端部之间要留有 3~5mm 的空隙,以免抹灰后板条吸水膨胀相顶而弯,具体情况如图 3-41 所示。也可在稀铺的板条上钉一层钢丝网,或取消板条,在立筋上直接钉钢丝网,然后直接在钢丝网上抹灰,由于钢丝网具有变形小、强度高的特点,所以抹灰面层不易开裂。

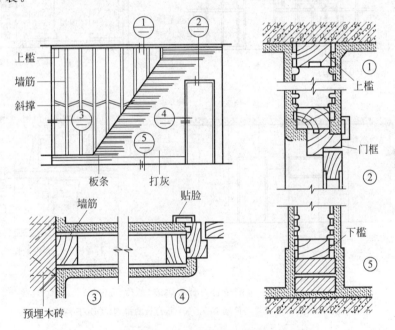

图 3-41　木骨架板条抹灰隔墙

2) 人造板面层

人造板面层骨架隔墙是在骨架两侧铺钉胶合板、纤维板、石膏板或其他轻质薄板构成的隔墙。面板可采用粘贴的方式或用镀锌螺钉固定在骨架上。面板间需填充岩棉等轻质有弹性的材料来提高隔墙的隔声和防火能力,如图 3-42 所示。这种隔墙具有质量轻,易拆除,且湿作业少等特点。以木材为原料的板材如胶合板、硬质纤维板等多用木骨架,石膏板则多用轻钢骨架,如图 3-43 所示为轻钢龙骨石膏板隔墙构造。

知识扩展:

本章依据《墙体材料应用统一技术规范》(GB 50574—2010)编写:

3.2　块体材料

3.2.1　块体材料的外形尺寸除应符合建筑模数要求外,尚应符合下列规定:

1　非烧结含孔块材的孔洞率、壁及肋厚度等应符合表 3.2.1 的要求;

2　承重烧结多孔砖的孔洞率不应大于 35%;

3　承重单排孔混凝土小型空心砌块的孔型,应保证其砌筑时上、下皮砌块的孔与孔相对;多孔砖及自承重单排孔小砌块的孔型宜采用半盲孔;

4　薄灰缝砌体结构的块体材料,其块型外观几何尺寸误差不应超过 ±1.0mm;

5　蒸压加气混凝土砌块长度尺寸应为负误差,其值不应大于 5.0mm;

6　蒸压加气混凝土砌块不应有未切割面,其切割面不应有切割附着屑;

7　夹心复合砌块的二肢块体之间应有拉结。

图 3-42 隔墙中填充岩棉

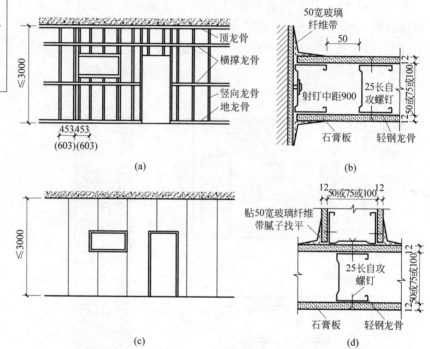

图 3-43 轻钢龙骨石膏板隔墙（单位：mm）

（a）龙骨的排列；（b）龙骨与侧墙节点；（c）石膏板的排列；（d）丁字隔墙节点

3.3.3 板材隔墙

板材隔墙是指板的高度相当于房间净高，面积较大，不依赖于骨架且直接装配而成的隔墙，具有自重轻、施工速度快、工业化程度高、安装方便等特点。预制条板的厚度通常为 60～100mm，宽度为 600～1000mm，长度略小于房间净高。板材需用黏结剂固定，用腻子补平板缝后即可进行装修。加气混凝土条板、各种轻质墙板和复合板等均为目前常用的板材。

1. 加气混凝土条板隔墙

加气混凝土条板全称为蒸压加气混凝土板,是以硅质材料(砂、粉煤灰等)和钙质材料(石灰、水泥)为主要原料,以发气剂(铝粉)为发气材料,通过配料、搅拌、浇筑、预养、切割、蒸压、养护等工艺过程制成的轻质多孔板材。因此,加气混凝土条板的主要特点是自重轻,同时具有节省水泥,施工简单,可锯、可刨、可钉且运输方便等优点,但由于加气混凝土具有吸水性大、耐腐蚀性差、强度较低,运输、施工过程中易损坏等缺点,故不宜用于高温、高湿或有化学、有害气体介质的建筑中。图 3-44 所示为加气混凝土条板隔墙实例。

图 3-44 加气混凝土条板隔墙实例

2. 轻质墙板隔墙

常用的轻质墙板一般有钢丝增强水泥条板、玻璃纤维增强水泥条板、轻骨料混凝土条板、增强石膏空心条板等。选用墙板时,应注意板长为层高减去楼板、梁等顶部构件的尺寸,同时板厚应具有防火、隔声、隔热等功能。当单层条板墙体作为分户墙时,最小厚度为 120mm;当用作户内分室隔墙时,最小厚度为 90mm。条板的使用应与墙体的高度相适应,轻质条板墙体的限制高度如下:60mm 厚板为 3m;90mm厚板为 4m;120mm 厚板为 5m。

3. 复合板隔墙

复合墙板是用几种材料制成的多层板。其面层通常有石棉水泥板、铝板、石膏板、树脂板、压型钢板、硬质纤维板等。其中,木质纤维、矿棉、蜂窝状材料、泡沫塑料等可用于夹芯材料。复合板充分地利用了材料的性能,多数具有高强度、较好耐久性、防水性和隔声性以及易安装、拆卸等优点,十分有利于建筑的工业化。其中,常用的复合墙板有以下几种。

1) 钢丝网泡沫塑料水泥砂浆复合板

钢丝网泡沫塑料水泥砂浆复合板是将镀锌钢丝焊成网片,再由两片相距 50~60mm 的网片连接组成三向的钢丝网笼构架,以阻燃的聚苯乙烯泡沫塑料作为内填芯层,现场拼装后在面层抹水泥砂浆而成的轻质隔墙复合板材,又称为泰柏板,如图 3-45 所示。其具有自重轻、整体性好等优点,但缺点是湿作业量大。

图 3-45　钢丝网泡沫塑料水泥砂浆复合板(泰柏板)

2) 蜂窝夹芯板

蜂窝夹芯板具有轻质、高强,隔声、隔热等特点,是由两层玻璃布、胶合板、纤维板或铝板等薄而强的材料做成的面板,中间夹一层以用纸、玻璃布或铝合金材料制成的蜂窝状芯板,如图 3-46 所示。通常蜂窝夹芯板可用作隔墙、隔声门,还可用作幕墙。

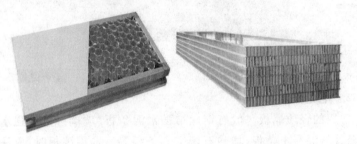

图 3-46　蜂窝夹芯板

3) 金属面夹芯板

金属面夹芯板是一种采用镀锌钢板、铝合金板等金属薄板与玻璃棉、岩棉、聚氨酯、聚苯乙烯等隔声、绝热芯材黏结、复合而成的板材,如图 3-47 所示。因其具有质轻、绝热、高强、装饰性好、隔声、施工便捷等优点,故而广泛应用于隔墙板、屋面板、外墙板、吊顶板等构件,并且特别适合用作大跨度、大空间建筑的围护材料。

图 3-47　金属面夹芯板

3.4 幕墙构造

幕墙是悬挂于建筑物表面具有板材结构的外墙,因其形似悬挂的幕而得名。框架结构的建筑物中不承重的外墙可以用砌体墙填充,还可以采用板材通过一套附加的杆件系统与主体结构相连接而作为围护构件悬挂于建筑物的外表面,故而形成幕墙。幕墙因整体悬挂于外表面而模糊了建筑的分层、墙面与门窗的区分等,因此使得建筑外表面形似一体,幕墙只承受自重和风荷载,而幕墙荷载则由结构框架承受。图3-48所示为幕墙实例。

图3-48 香港中银大厦

知识扩展:

本章依据《全国民用建筑工程设计技术措施——规划·建筑·景观》编写:

5.1 常用类型

5.1.1 建筑幕墙:由面板与支承结构体系(支承装置与支承结构)组成的、可相对主体结构有一定位移能力或自身有一定变形能力、不承担主体结构所受作用的建筑外围护墙。

1 按结构形式分为构件式、单元式、点支承式、全玻式、双层幕墙;

2 按面层材料分为玻璃幕墙、石材幕墙、金属板幕墙、人造板幕墙、光电幕墙;

3 按面层构造分为封闭式、开放式。

3.4.1 幕墙材料

1. 幕墙面材

玻璃、金属层板和石材等材料为经常使用的幕墙面板,可混合使用也可单一使用。

幕墙所用玻璃必须是诸如钢化玻璃、夹层玻璃或者用上述玻璃组成的中空玻璃等安全玻璃。

钢化玻璃相较于普通玻璃,其抗弯强度提高了5~6倍,抗冲击强度约提高了3倍,韧性约提高了5倍。并且,如果钢化玻璃碎裂,会形成圆钝的小块,不致形成锐利棱角的小碎块而伤人。但是钢化玻璃不能裁切,需按要求加工。

夹层玻璃具有很好的安全性,是由两片或多片普通玻璃或钢化玻璃用透明或彩色的聚乙烯醇缩丁醛膜片(即 PVB 胶片)经热压黏合而成的复合玻璃制品。由于中间黏合的塑料衬片使得玻璃破碎时不飞溅,只是产生辐射状裂纹而不致伤人,因此其抗冲击强度大大高于普通玻璃。

中空玻璃是用两层或两层以上的玻璃,周边配以边框隔开,再用高强度、高气密性复合黏结剂将边框与玻璃黏结在一起,中间充以干燥空气或惰性气体的玻璃制品。因此,其具有良好的隔热性、保温性和隔声性。

铝合金和钢材为幕墙常采用的金属面板。其中铝合金可做成单层、复合型以及蜂窝铝板三种,表面可用氟碳树脂涂料进行防腐处理。钢材可在表面进行镀锌、烤漆等处理,或采用高耐候性材料。当两种不同的金属材料交接时,为防止相互间因电位差而产生电化学腐蚀,必须在当中放置用合成橡胶、尼龙、聚乙烯等材料制作而成的绝缘垫片。

幕墙的石材一般选择火成岩如花岗石,因其具有质地均匀的优点。石材厚度应在 25mm 以上,吸水率小于 0.8%,弯曲强度不小于 8.0MPa。同时,可选用与蜂窝状材料复合的石材以减轻自重。

2. 幕墙所用连接材料

幕墙所用连接材料通常为金属杆件系统、拉索以及小型连接件,然后与主体结构相连接,还会用到许多胶黏和密封材料来满足防水及适应变形等功能要求。

连接杆件及拉索的金属材料通常有铝合金、钢和不锈钢。铝合金型材的表面多涂以阳极氧化膜做保护层,要求更高的可采用氟碳树脂涂料。其中,铝型材的最小壁厚不应小于 3mm。

钢型材虽不易生锈,但不是不会生锈,所以也需采取放绝缘垫层等措施来防止电化学腐蚀,其表面处理面材相同。一般都采用不锈钢材料来制作幕墙中使用的门、窗等五金配件。

硅酮结构胶和硅酮耐候胶为幕墙使用的胶黏和密封材料。前者用于幕墙玻璃与铝合金杆件系统的连接固定或玻璃间的连接固定,后者通常用来嵌缝,以提高幕墙的气密性和水密性。

为了防止材料间因接触而发生化学反应,胶黏和密封材料与幕墙其他材料间必须先进行相容性的试验,经测试合格才能配套使用。

3.4.2　玻璃幕墙的构造

玻璃幕墙可分为有框式幕墙、全玻式幕墙和点支式幕墙。这是根据幕墙与建筑物主体结构之间的连接系统类型以及与幕墙面板的相对位置关系而分。

1. 有框式幕墙

有框式幕墙是指幕墙与主体建筑之间的连接杆件系统为框格形式

的幕墙,可分为以下类型:明框幕墙(框格全部暴露出来);半隐框幕墙,包括竖框式和横框式(垂直或者水平两个方向的框格杆件只有一个方向的暴露出来);隐框幕墙(框格全部隐藏在面板之下)。有框式幕墙实例如图 3-49 所示。

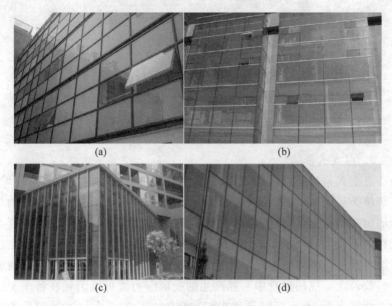

(a)　　　　　　　　(b)

(c)　　　　　　　　(d)

图 3-49　有框式幕墙实例

(a) 明框式幕墙;(b) 横框式半隐框幕墙;(c) 竖框式半隐框幕墙;(d) 隐框式幕墙

有框式幕墙的安装分为以下两种。一种为现场组装式,是先将连接系统固定在建筑物主体结构的柱、承重墙、边梁或者楼板上的预埋铁上,再将面板用螺栓或卡具逐一安装到连接杆上去。另一种为组装单元式,是在工厂预先将幕墙面板和连接杆件组装成较小的标准单元或是较大的整体单元,如层间单元等,然后运送到现场直接安装就位。

2. 全玻式幕墙

相较于普通玻璃幕墙,全玻式幕墙没有了金属框架结构,其面板与连接构件都由玻璃制成,大板块厚玻璃做面板,连接构件做成肋的形式,连接主体结构,达到通透的装饰效果,如图 3-50 所示。全玻璃幕墙在结构形式上主要分为玻璃肋坐地式全玻璃幕墙和玻璃肋吊挂式全玻璃幕墙两种。若玻璃肋坐地式全玻璃幕墙在玻璃面板高度不超过 3m,可采用底部支承;若高度大于 3m 而不超过 5m,则采用玻璃肋作为支承结构以加强面玻璃的刚度。玻璃肋吊挂式全玻璃幕墙适用于 5～13m 的玻璃面板,将整块玻璃进行吊挂式安装,上部用吊挂专用夹具紧抓玻璃并整体吊起,以免因玻璃自重而引起弯曲,在受风压、地震等外力作用时,又保证其可沿力的方向作小幅摇摆,从而分散应力,即使下部受意外强力冲击而产生破裂,其上部仍悬挂于主体结构上,可避免玻璃整体坍塌而造成人身伤害,从而提高了安全性。

图 3-50　全玻式幕墙

3. 点支式幕墙

点支式幕墙是由玻璃面板、支承装置和支承结构构成的玻璃幕墙。安装该类幕墙时,应先在玻璃面板四角开孔,用穿入面板玻璃孔中的螺栓固定在钢爪上,钢爪既可以安装在连接杆件上,也可以安装在具有柔韧性的钢索上,构成点支式玻璃幕墙的受力体系,如图 3-51 所示。所有连接杆件与主体结构之间均为铰接,玻璃之间留出大于 10mm 的缝来打胶。这样使用过程中可能产生的变形应力就可以消耗在各个层次的柔性节点上,而不至于导致损坏玻璃本身。需要大片通透效果的玻璃幕墙上多用此种方法,全玻式幕墙虽然通透效果更为理想,但其受单块玻璃最大高度尺寸的限制而应用范围有限,因此当通透性的玻璃幕墙高度超过 13m 时,一般采用点支式玻璃幕墙。

图 3-51　点支式玻璃幕墙

3.5　墙面装修

　　墙面装修是建筑装修的重要环节,其主要包括外墙面装修和内墙面装修两大类。

外墙面装修是提高建筑物整体形象的重要艺术手段,具有美化建筑物的作用,还具有保护墙面不受恶劣天气的影响和侵蚀,提高墙身防潮、防风化、保温、隔热能力的作用,与此同时,还可增加墙体的坚固性和耐久性。

内墙面装修不仅可以提高室内的美观度,还可保护墙体,改善室内卫生条件,提高墙体的保温、隔热和隔声性能等。对于卫生间、厨房、实验室等有特殊要求的房间,还可选择不同的饰面材料,以达到防潮、防水、防尘、防腐蚀等目的。

墙面装修中根据采用的材料、施工方式的不同,可分为抹灰类、涂料类、贴面类、铺钉类和裱糊类。

3.5.1 抹灰类

抹灰是用水泥、石灰膏为胶结材料加入砂或石碴与水拌合成砂浆或石碴浆,抹到墙面上的一种操作工艺,是我国传统的饰面做法,属于湿作业。它具有材料来源广泛,施工操作简便,造价低廉,通过改变工艺可获得不同装饰效果的优点,因此在墙面装修中应用广泛。但是抹灰具有耐久性低,易干裂、变色,因多为手工湿作业施工,所以施工效率较低等缺点,属于中低档装饰,可用于室内外墙面。

1. 抹灰类墙面装修的构造层次及分类

根据面层所用材料和施工方式的不同,抹灰类可分为一般抹灰和装饰抹灰两类。一般抹灰是用各种砂浆抹平墙面,效果较一般,常用有石灰砂浆、混合砂浆、水泥砂浆、聚合物砂浆、麻刀灰、纸筋灰等;装饰抹灰是用不同的操作手法使各种砂浆形成不同的质感效果,常用的有水刷石、斩假石、干粘石、水泥拉毛等。

墙面抹灰有一定厚度,一般外墙在 20～25mm 之间,内墙在 15～20mm 之间。但要注意抹灰层不宜过厚,且要分层施工,使抹灰层与墙面黏结牢固,以免抹灰出现裂缝。通常为普通标准的抹灰,一般分底层、面层两层构造;高标准的抹灰则分为底层、中层、面层三层构造,具体情况如图 3-52 所示。

底层抹灰可使装饰层与墙面基层黏结牢固和初步找平,亦称为找平层或打底层,厚度一般为 5～15mm。基层材料不同,选用的底灰材料也不同,对于砖、石墙,可采用水泥砂浆或混合砂浆打底;若基层为板条,则应采用石灰砂浆,并在砂浆中掺入麻刀或其他纤维打底;对于轻质混凝土砌块墙,则多用混合砂浆或聚合物砂浆做底灰;对于混凝土墙,或湿度大的房间,或有防水、防潮要求的房间,则宜选用水泥砂浆做底灰。

知识扩展:

　　本章依据《全国民用建筑工程设计技术措施——规划·建筑·景观》编写:

4.7　墙体外装修

4.7.1　墙体外装修设计时,应充分考虑建筑保温做法。当采用外墙外保温时,应根据外保温系统的情况选择适当的饰面材料及做法。

4.7.2　涂料饰面

　1　常用的外墙涂料分为合成树脂乳液涂料、溶剂型涂料、复层涂料和无机涂料。

　2　成树脂乳液涂料包括丙烯酸系列涂料、硅丙复合乳液涂料和水性氟碳涂料等。

　3　溶剂型涂料包括热塑型丙烯酸酯涂料、聚氨酯改性涂料和氟碳涂料等。

　4　复层涂料一般由底涂层、中间涂层(主涂层)和面涂层组成。底涂层可增强附着力,中间层形成装饰效果,面涂层用于着色和保护。底涂层和面涂层可采用乳液型和溶剂型涂料,中间的主涂层可采用以聚合物水泥、合成树脂乳液、反应固化型合成树脂乳液等黏结料配制的厚质涂层。

　5　无机涂料是以碱金属硅酸盐及硅溶胶等无机高分子为主要成膜物质,加入适量固化剂、填料、颜料及助剂配制而成的涂料。

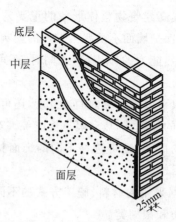

底层

中层

面层

25mm厚

图 3-52　墙面抹灰分层构造

中层抹灰所用材料与底层基本相同,也可根据装修要求选用其他材料。其主要作用是进一步找平,降低底层砂浆开裂导致面层开裂的可能性,厚度一般为 5～10mm。

面层抹灰又称罩面,可提升墙体的整体美观度,同时对使用质量也有重要作用。面层抹灰要求表面平整、色彩均匀、无裂痕,可以根据需要做成光滑、粗糙等不同质感的表面,厚度一般为 3～5mm。常见抹灰的具体构造做法见表 3-5。

表 3-5　墙面抹灰做法举例

抹灰名称	做法说明	适用范围
水泥砂浆抹灰	(1) 清扫积灰,适量洒水;刷界面处理剂一道; (2) 12mm 厚 1:3 水泥砂浆打底扫毛; (3) 8mm 厚 1:2.5 水泥砂浆抹面	(1) 砖石基层的墙面; (2) 混凝土基层的墙面
	(1) 12mm 厚 1:3 水泥砂浆打底; (2) 5mm 厚 1:1.25 水泥砂浆抹面,压实赶光; (3) 刷(喷)内墙涂料	砖基层的内墙涂料
	(1) 刷界面处理剂一道; (2) 6mm 厚 1:0.5:4 水泥石灰膏砂浆打底扫毛; (3) 5mm 厚 1:1:6 水泥石灰膏砂浆扫毛; (4) 5mm 厚 1:2.5 水泥砂浆抹面,压实赶光; (5) 刷(喷)内墙涂料	加气混凝土等轻型材料的内墙

知识扩展:

本章依据《全国民用建筑工程设计技术措施——规划·建筑·景观》编写。

4.7.3　面砖饰面

1　墙面使用面砖的种类按其物理性质的差别分为:全陶质面砖(吸水率小于 10%)、陶胎釉面砖(3%～5%)、全瓷质面砖又称通体砖(吸水率小于 1%)。

2　用于室外的面砖应尽量选用吸水率小的产品,北方地区外墙尽量不用陶质面砖,以免因面砖含水量高发生冻融破坏或剥落。一般选用全瓷质面砖最为安全可靠,吸水率不应大于 3%。

3　外墙外保温做法面层上能否采用面砖以及粘贴技术的选择,均应符合国家或地方相关规定。

续表

抹灰名称	做法说明	适用范围
水刷石	(1) 清扫积灰,适量洒水;刷界面处理剂一道; (2) 12mm厚1：3水泥砂浆打底扫毛; (3) 刷素水泥浆一道; (4) 8mm厚1：1.5水泥石子罩面,水刷露出石子	(1) 砖石基层的外墙; (2) 混凝土基层的外墙
水刷石	(1) 刷加气混凝土界面处理剂一道; (2) 6mm厚1：0.5：4水泥石灰膏砂浆打底扫毛; (3) 5mm厚1：1：6水泥石灰膏砂浆抹平扫毛; (4) 刷素水泥浆一道; (5) 8mm厚1：1.5水泥石子罩面,水刷露出石子	加气混凝土等轻型材料的外墙
斩假石	(1) 清扫积灰,适量洒水;刷界面处理剂一道; (2) 10mm厚1：3水泥砂浆打底扫毛; (3) 刷素水泥浆一道; (4) 10mm厚1：1.25水泥石子抹面; (5) 剁斧斩毛两遍	(1) 砖石基层的外墙; (2) 混凝土基层的外墙

2. 抹灰类墙面装修的构造

1) 一般抹灰的质量标准

抹灰按质量及工序要求分为以下三种标准:

(1) 普通抹灰:一层底灰、一层面灰,适用于简易住宅、临时房屋及辅助性用房。

(2) 中级抹灰:一层底灰、一层中灰、一层面灰,适用于一般住宅、公共建筑、工业建筑及高级建筑物中的附属建筑。

(3) 高级抹灰:一层底灰、多层中灰、一层面灰,适用于大型公共建筑、纪念性建筑及有特殊功能要求的高级建筑。

2) 抹灰类墙面装修的细部构造

(1) 分格条(引条线、分块缝)。室外抹灰由于墙面面积较大、手工操作不均匀、材料调配不准确、气候条件等影响,易产生材料干缩开裂、色彩不匀、表面不平整等缺陷。为此,对大面积的抹灰,可用分格条(引条线)进行分块施工,分块大小按立面线条处理而定。具体做法是底层抹灰后,固定引条,再抹中间层和面层。常用的引条材料有木引条、塑料引条、铝合金引条等。常用的引条形式有凸线、凹线、嵌线等,如图 3-53 所示。

知识扩展:

本章依据《全国民用建筑工程设计技术措施——规划·建筑·景观》编写:

4.7.4 石材饰面

1 装饰石材的品种

1) 天然石材,包括花岗石、大理石、板石、石灰石和砂岩等;

2) 复合石材,包括木基石材复合板、玻璃基石材复合板、金属基石材复合板(包括金属蜂窝石材复合板)、陶瓷基石材复合板等;

3) 人造石材,包括建筑装饰用微晶玻璃、水磨石、实体面材、人造合成石和人造砂岩等。

2 设计要点

1) 选用天然石材时,材料所含的放射性物质应符合《天然石材产品放射性防护分类控制标准》(JC 518——1993) 的规定:A类产品的使用范围不受限制,B类产品不能用于居室,C类产品只能用于室外。一般颜色越深的石材含放射性物质越多,选用时应注意。

2) 大理石一般不宜用于室外以及与酸有接触的部位。

3) 干挂石材厚度当选用光面和镜面板材时应不小于25mm,选用粗面板材时应不小于28mm,单块板的面积不宜大于1.5m²,选用砂岩、洞石等质地疏松的石材时应不小于30mm。

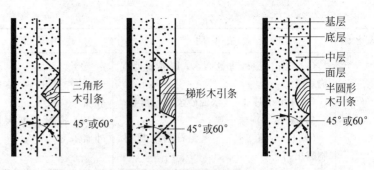

图 3-53　分隔条构造

　　（2）护角。室内抹灰多采用吸声、保温蓄热系数较小，较柔软的纸筋石灰等材料作为面层。这种材料强度较差，室内突出的阳角部位容易碰坏。因此，应在内墙阳角、门洞转角、砖柱四角等处用水泥砂浆或预埋角钢做护角。护角的做法是用高强度的水泥砂浆（1∶2 水泥砂浆）抹弧角或预埋角钢，高度不小于 2m，每侧宽度不小于 50mm，如图 3-54 所示。

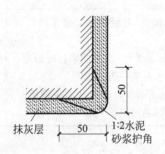

图 3-54　护角构造（单位：mm）

　　（3）墙裙。室内墙体因考虑人身活动摩擦而产生的污浊或划痕，并兼有一定的装饰性，往往在内墙下部一定高度范围内选用耐磨性、耐腐蚀性、可擦洗等方面优于原墙面的材质做面层。常用的材料有木材、各类饰面板、面砖等。

3.5.2　涂料类

　　涂料是指涂敷于物体表面后，能与基层很好地黏结，从而形成完整而牢固的保护膜的面层物质。涂料能对被涂物体起到保护和装饰的作用，因其具有造价低、装饰效果好、工效高、自重轻、工期短、操作简单、维修方便、更新快的优点而被建筑行业广泛应用。

　　常用的涂料分为无机涂料和有机涂料两类。其中，无机涂料有石灰浆、大白浆、可赛银等，可用于一般标准的装修。有机涂料根据成膜物质与稀释剂不同，可分为溶剂型涂料、水溶性涂料和乳液涂料三类。常用的溶剂型涂料有传统的油漆、苯乙烯内墙涂料等。常见的水溶性涂料有改性水玻璃内墙涂料、聚合物水泥砂浆饰面涂层等。乳液涂料又称为乳胶漆,常见的有乙丙乳胶漆、苯丙乳胶漆等。因其品种繁多,在实际施工中应根据建筑物的使用功能、所处部位、地理环境、基层材料、施工条件等,选择装饰效果好、耐久性好、黏结力强、无污染且造价低的种类作为涂料。

3.5.3 贴面类

贴面类装修是将各种天然或人造板、块,绑、挂或直接粘贴于基层表面的装修做法。它具有易清洗、装饰性强且耐久性好等特点。常用的贴面材料包括各种烧结制品如各种面砖、陶瓷锦砖、瓷砖等;天然石板如花岗岩和大理石板等;人造石板如水磨石板、水刷石板、剁斧石板等。其中,瓷砖、大理石板因其质感细腻一般用于内墙装修;而质感粗放、耐候性好的砖如锦砖、花岗岩板等适用于外墙装修。

1. 直接粘贴式的基本构造

直接粘贴式贴面由找平层、结合层和面层三部分组成。找平层为底层砂浆,结合层为黏结砂浆,面层为块状材料。用于直接粘贴式的材料有陶瓷制品(陶瓷锦砖、釉面砖等)、小块天然或人造大理石、碎拼大理石、玻璃锦砖等。

1) 陶瓷面砖贴面装修

面砖是多数以陶土或瓷土为原料,压制成形后煅烧而成的饰面块。面砖不仅可以用于墙面,还可用于地面,因此也被称为墙地砖。它具有表面挂釉和不挂釉之分。釉面砖色彩艳丽、装饰性强,多用于内墙;无釉面砖质地坚硬、防冻、防腐蚀,多用于外墙面的装饰。面砖的厚度为8~12mm,长宽为60~400mm。一般面砖背面留有凹凸的纹路,以便于面砖的粘贴。面砖饰面的做法通常是先用15厚水泥砂浆分两遍打底,再用10厚水泥砂浆掺107胶或水泥石灰混合砂浆黏结,然后铺贴面砖,最后用水泥细砂浆填缝,图3-55所示为面砖饰面构造,图3-56为其实例。

知识扩展:

本章依据《全国民用建筑工程设计技术措施——规划·建筑·景观》编写:

6.3 踢脚、墙裙、内墙面

6.3.2 内墙面装修构造

1 清水砖墙面,砖外露,砖为原本色或刷色浆,用1:1水泥砂浆勾缝。缝有凹缝、平缝或凸缝。

2 抹灰涂料墙面

(1)砌块墙、砖墙:抹水泥砂浆、水泥石灰砂浆或石膏砂浆,其中水泥砂浆防水、防潮性能好,强度高。

(2)钢筋混凝土墙:刷界面剂或做拉毛,抹水泥砂浆,也可用耐水腻子刮平。

(3)加气混凝土砌块墙:表面喷湿后,抹薄涂层外加剂专用砂浆或专用界面剂扫毛,再抹8~9mm厚1:1:6水泥:白灰膏:砂子混合灰打底,扫毛,再抹5~6mm厚1:0.5:2.5水泥:白灰膏:砂子混合砂浆罩面压光。

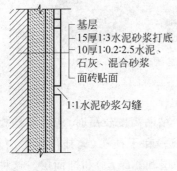

基层
15厚1:3水泥砂浆打底
10厚1:0.2:2.5水泥、石灰、混合砂浆
面砖贴面
1:1水泥砂浆勾缝

图3-55 面砖饰面构造   图3-56 面砖饰面实例

2）陶瓷锦砖贴面装修

通常墙面装修中见到的"马赛克"为陶瓷锦砖，相比于面砖，其具有表面致密、坚硬耐磨、耐酸碱、不易变色、造价低等优点。马赛克因其较小的尺寸以及繁多的花色，可拼成各种花纹图案，工厂先按设计的图案将小块材正面向下贴在 500mm×500mm 大小的牛皮纸上，铺贴时牛皮纸面向外将马赛克贴于饰面基层上，用木板压平，待凝固后将纸洗掉即可，如图 3-57 所示。

图 3-57　陶瓷锦砖饰面实例

还有一种玻璃锦砖为半透明的玻璃质饰面材料，又叫玻璃马赛克。其与陶瓷马赛克一样，生产时将小玻璃瓷片铺贴在牛皮纸上。其色调柔和典雅、质地坚硬、性能稳定，具有耐热、耐寒、耐腐蚀、不龟裂、表面光滑、不褪色等优点，且背面有凸棱线条，可与基层牢固黏结，因此是较为理想的墙面装饰材料，如图 3-58 所示。

图 3-58　玻璃锦砖饰面实例

2. 贴挂式基本构造

当板材厚度较大，尺寸规格较大，粘贴高度较高时，应以贴挂相结合。具体做法有湿法贴挂（贴挂整体法）和干挂法（钩挂件固定法）两种。构造层次分为基层、浇注层（找平层和黏结层）和饰面层。这种做法相对较为保险，饰面板材绑挂在基层上，再灌浆固定。

知识扩展：

本章依据《全国民用建筑工程设计技术措施——规划·建筑·景观》编写：

（4）涂层：涂料品种繁多，常用的如下。

①树脂溶剂型涂料：涂层质量高，但由于有机溶剂具有毒性且易挥发，不利于施工，不利于环保，应限制使用；

②树脂水性涂料：无毒、挥发物少，涂层耐擦洗，用途很广，是室内外装修涂层的主要材料；

③无机水性涂料：包括水泥类，石膏类，水玻璃类涂料，该种涂料价格低，但黏结力、耐久性、装饰性均较差。

1) 石材类型

石材分为天然石材和人造石材。

常用的天然石材有花岗岩板、大理石板两类。大理石又称为云石，表面经磨光后纹理雅致、色泽艳丽，常用于民用建筑的内墙面；花岗岩质地坚硬、不易风化，常用于民用建筑的主要外墙面、勒脚等部位。花岗岩、大理石都具有强度高、结构密实、不易污染和装饰效果好等优点，但是加工复杂、价格昂贵，故一般用于高级墙面装修中。

人造石材一般由水泥、彩色石子、颜料等配合而成，常见的有水磨石板、人造大理石板。人造石材具有天然石材的花纹和质感、质量轻、表面光洁、造价较低等优点。

2) 安装方法

天然石材和人造石材的安装方法基本相同，可分为湿挂石材法和干挂石材法。

湿挂石材法是先在墙内或柱内预埋 $\phi6$ 的镀锌铁环，间距依石材规格而定，再在铁环内立 $\phi6$ 或 $\phi8$ 的竖筋和横筋，形成钢筋网。在石板上、下钻小孔，用双股 16 号钢丝绑扎固定在钢筋网上。上、下两块石板用不锈钢卡销固定。板与墙之间留有 $20\sim30\text{mm}$ 的缝隙，上部用定位活动木楔做临时固定，校正无误后，在板与墙之间浇注 $1:3$ 水泥砂浆，待砂浆初凝后，取掉定位活动木楔，继续上层石板的安装，如图 3-59 所示。

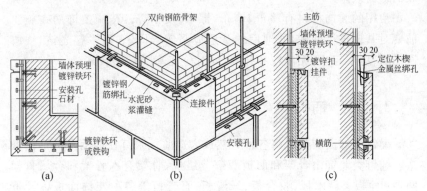

图 3-59　石材贴面构造（单位：mm）

(a) 平面图；(b) 轴测图；(c) 断面图

干挂石材法又叫连接件挂接法，若采用此法，需使用一组高强度、耐腐蚀的金属连接件将石材饰面与结构可靠地连接起来，其间的空气间层不做灌浆处理。这种安装方法的优点是饰面效果好，石材在使用过程中不出现泛碱现象；无湿作业，施工不受季节限制，施工速度快，效果好，现场清洁；石材背面不灌浆，既形成了一个空气间层以利于隔热，又减轻了建筑物的自重，有利于抗震。但采用干挂石材法的造价比湿挂石材法高 30% 以上，因此只有在国内外石材高级装修中，才普遍采用干挂石材法。图 3-60 所示为无龙骨干挂构造中的一种做法。

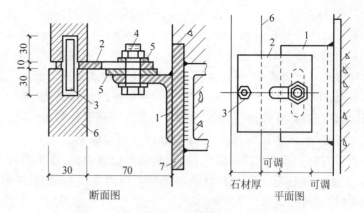

图 3-60　石材贴面无龙骨干挂构造(单位：mm)
1—角钢；2—钢板；3—可调插接件；4—连接螺栓；
5—不锈钢垫圈；6—石板；7—预埋钢板

3.5.4　裱糊类

裱糊类墙面装修多用于建筑内墙，是将卷材类软质饰面装饰材料裱糊在墙面上的装修做法。裱糊类墙面装饰性强，造价较经济，施工方法简便、效率高，饰面材料更换方便，在曲面和墙面转折处均可获得连续的饰面效果。

常用的装饰材料有墙纸、墙布、锦缎、皮革等。裱糊类饰面在施工前要对基层进行处理，处理后的基层应坚实牢固，表面平整光洁，线脚通畅顺直，不起尘，无砂粒和孔洞，同时应使基层保持干燥。

3.5.5　铺钉类

铺钉类墙面装修是将各种天然或人造薄板镶钉在墙面上的饰面做法。铺钉类装饰由骨架和面板两部分组成，骨架有木骨架和金属骨架两种；面板有硬木板、胶合板、纤维板、石膏板等各种装饰面板以及近年来应用日益广泛的金属面板。面板通过圆钉、螺丝等固定在骨架上，也可用胶黏剂黏结。

铺钉类装饰所用材料多系薄板结构或多孔性材料，对改善室内音质效果有一定作用，同时质感细腻，装饰效果好。另外，铺钉类装饰是无湿作业，饰面耐久性好。但防潮、防火性能欠佳，因而一般多用作宾馆、大型公共建筑大厅如候机室、候车室及商场等处的墙面或墙裙的装饰。

知识扩展：

本章依据《全国民用建筑工程设计技术措施——规划·建筑·景观》编写：

4　石材墙面：常用的石材有花岗石、大理石、微晶石、预制水磨石等，其选用要点如下：

（1）工程中所用材料的品种、规格、性能和等级，除应注意符合设计要求及国家现行产品标准和工程技术规范的规定外，还要重视固定安装构造的安全，其固定方法有粘贴法、湿挂法、干挂法等。

（2）石材弯曲强度不应小于 8MPa；吸水率应小于 0.8%；铝合金挂件厚度不应小于 4mm，不锈钢挂件厚度不应小于 3mm。

（3）天然石材料色彩纹理变化较大，在上墙前，应对纹、挑色；石材饰面板装修墙面，板材之间的接缝、转折处理要精细。

第4章

楼　地　层

4.1　楼板层的基本构成与分类

4.1.1　楼层的基本构成

楼地层包括楼板层和地坪。楼板层由面层、结构层和顶棚三部分构成，为了满足使用需求，还可增设附加层。

1. 面层

面层又称为楼面或地面，位于楼板层上表面，是楼板层中与家具和设备直接接触的部分，起保护楼板层、分布荷载以及绝缘、隔声、清洁、装饰等作用。

2. 结构层

楼板层的承重部分包括板和梁，主要功能是承受楼板层上的全部荷载，并将荷载传递给墙或梁柱，同时对墙体起水平支承作用，增加建筑物的整体刚度。

3. 顶棚

楼板顶棚层是楼板层下表面的构造层，也是室内空间上部的装修层，又称为天花、天棚，其主要功能是保护楼板、装饰室内及保证室内使用条件。

4. 附加层

根据楼板层隔声、保温、隔热、防水、防潮等具体的功能要求，还可以设置附加层。

楼板层的构成如图 4-1 所示。

知识扩展：

　　本章依据《全国民用建筑工程设计技术措施——规划·建筑·景观》编写：

6.2.1　一般要求

　　1　楼地面应平整、耐磨、防滑、耐撞击、易于清洁，满足使用要求。

　　2　楼地面宜选用不燃或难燃材料。

6.2.2　基本构造层（顺序从上往下）

　　1　无地下室的底层地面：面层、垫层、地基。

　　2　楼层地面：面层、楼板。

　　3　当基本构造层不能满足要求时，可增设结合层、防水层、找平找坡层、填充层、附加垫层及防潮层等。

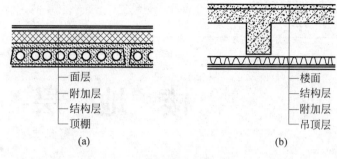

图 4-1 楼板层的构成

(a) 预制钢筋混凝土楼板层；(b) 现浇钢筋混凝土楼板层

4-1 楼板层类型

4.1.2 楼板的分类

1. 按使用的材料分类

楼板按使用的材料可分为木楼板、压型钢板组合楼板、钢筋混凝土楼板等。

木楼板是在由墙或梁支承的木搁栅上铺钉木板。它具有自重轻、舒适、有弹性、保温性能好、节约钢材和水泥等优点，但易燃、耐久性差、易腐蚀、易被虫蛀，特别是需耗用大量木材，使木楼板的使用范围受到限制。

压型钢板组合楼板是利用凹凸相间的压型薄钢板做衬板，与现浇混凝土浇筑在一起，并支承在钢梁上构成的整体型楼板，由楼面层、组合板和钢梁三部分组成。压型钢板增加了楼板的侧向和竖向刚度，使结构的跨度加大，楼板自重减轻，梁的数量减少，而且施工周期短，现场作业方便，适用于大空间建筑和高层建筑，在国际上已普遍采用。

钢筋混凝土楼板具有强度高、刚度好、耐火性能好、具有良好的可塑性、便于工业化生产等优点，在我国应用最广泛。

2. 按施工方式分类

钢筋混凝土楼板按施工方式的不同可以分为现浇整体式、预制装配式和装配整体式楼板三种。其中，现浇钢筋混凝土楼板主要分为板式、肋梁式、井字式、无梁式四种。常用的预制装配式钢筋混凝土楼板有普通型和预应力型两类。装配整体式钢筋混凝土楼板则是将楼板中的部分构件预制安装后，再通过现浇的部分连接成整体。这种楼板的整体性较好，可节省模板，施工速度较快。

4.1.3 楼板层的作用及其设计要求

楼板层是建筑中沿水平方向分隔上、下空间的结构构件。它除了

知识扩展：

本章依据《装配式钢结构建筑技术标准》(GB/T 51232—2016)编写：

2 术语

2.0.28 压型钢板组合楼板 composite slabs with profiled steel sheet

压型钢板上浇筑混凝土形成的组合楼板。

8.2 压型钢板组合楼板

8.2.1 当压型钢板在楼板中仅起模板作用时，可不采取防火保护措施。当压型钢板在楼板中起承重作用时，若压型钢板-混凝土组合楼板满足相关规定，可不采取防火保护措施。

承受并传递垂直荷载和水平荷载,还应具有一定程度的隔声、防火、防水等功能。同时,建筑物中的各种水平设备管线,也将在楼板层内安装。因此,作为楼板层,必须具备如下要求:

（1）具有足够的强度和刚度,保证安全正常使用。

（2）为避免楼层上、下空间的相互干扰,楼板层应具备一定的隔绝空气传声和撞击传声的能力。

（3）楼板应满足规范规定的防火要求,保证生命财产安全。

（4）对于有水侵袭的楼板层,应具有防潮、防水能力,避免因渗透而影响建筑物正常使用。

（5）对于有管道、线路铺设要求的楼板层,应仔细考虑各种设备管线的走向。

在多层或高层建筑中,楼板结构占相当比重,因此,设计中应尽量为工业化创造条件。

4.2　现浇钢筋混凝土楼板

现浇钢筋混凝土楼板是在施工现场支模板、绑扎钢筋和浇筑混凝土,经养护达到一定强度后拆除模板而成的楼板。它的整体性好,刚度大,抗震性好,防火、防水性好,可塑性强,可适应各种不规则形状和预留孔洞等特殊要求的建筑。但在施工过程中,现浇钢筋混凝土楼板模板耗量大,施工周期长,湿作业多,施工条件差。近年来,由于模板和浇筑机械化的发展,现浇钢筋混凝土楼板的应用比较广泛。

4.2.1　现浇钢筋混凝土楼板类型

1. 板式楼板

板式楼板就是将楼板现浇成一块平板,直接支承在墙上,楼板荷载直接由墙体承受。它的特点是房间净高大,顶棚平整,施工支模简单。但板跨不宜过大,适用于小空间,如走道、厨房、卫生间等。板式楼板根据周边支撑情况及板平面长短边边长的比值,又可分为单向板和双向板。

单向板的长边与短边之比大于2,由墙、梁板构成。受力与变形方式如图4-2(a)所示,板内受力钢筋沿短边方向布置,板的长边承担板的荷载。

双向板的长边与短边之比不大于2,由墙、梁板构成。受力与变形方式如图4-2(b)所示,荷载沿双向传递,短边方向内力较大,长边方向内力较小,受力主筋平行于短边并摆在下面。

知识扩展:

本章依据《民用建筑设计通则》(GB 50352—2005)编写。

6.12　楼地面

6.12.1　底层地面的基本构造层宜为面层、垫层和地基;楼层地面的基本构造层宜为面层和楼板。当底层地面或楼面的基本构造不能满足使用或构造要求时,可增设结合层、隔离层、填充层、找平层和保温层等其他构造层。

6.12.2　除有特殊使用要求外,楼地面应满足平整、耐磨、不起尘、防滑、防污染、隔声、易于清洁等要求。

4-2　密肋式楼板层

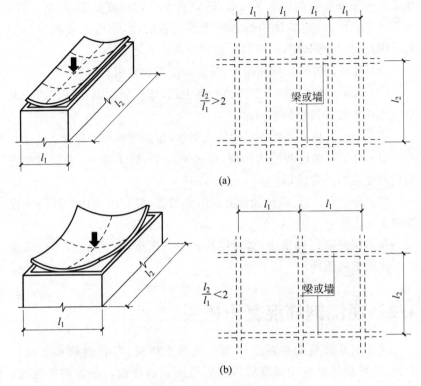

图 4-2　单向板与双向板示意图

(a) 单向板；(b) 双向板

4-3　肋梁式楼板

4-4　井格式楼板

4-5　无梁式楼板

2. 肋梁式楼板

现浇肋梁式楼板由板、次梁、主梁现浇而成。主梁沿房间布置，次梁与主梁一般垂直相交，板搁置在次梁上，次梁搁置在主梁上，主梁搁置在墙或柱上，板内荷载通过梁传至墙或者柱子上，适用于厂房等大开间房间。根据板的受力状况不同，有单向板肋梁楼板、双向板肋梁楼板。

一般情况下，常采用的单向板跨度尺寸为 1.7～3.6m，不宜大于 4m。双向板短边的跨度宜小于 4m；方形双向板尺寸宜小于 5m×5m。次梁的经济跨度为 4～6m；主梁的经济跨度为 5～8m。

3. 井格式楼板

当肋梁楼板的纵梁和横梁同时承担着由板传下来的荷载，不分主次、同位相交、呈"井"字形时，则称为井格式楼板，如图 4-3 所示。一般长度为 6～10m，板厚为 70～80mm，井格边长一般在 2.5m 之内。常用于跨度为 10m 左右、长短边之比小于 1.5 的公共建筑的门厅、大厅。

4. 无梁式楼板

对于平面尺寸较大的房间或门厅，也可以不设梁，直接将板支承于柱上，这种楼板称为无梁式楼板（图 4-4），分无柱帽和有柱帽两种类型。楼板的荷载直接传给柱，当荷载较大时，为避免楼板太厚，应采用有柱

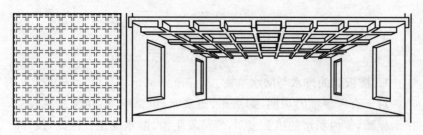

图 4-3 井格式楼板

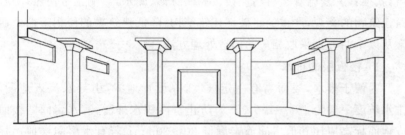

图 4-4 无梁式楼板

帽无梁楼板,以增加板在柱上的支承面积。

无梁式楼板的特点是节约楼板层所占的空间高度,顶棚平整,采光、通风、视觉效果好。但楼板厚度较大,较适用于荷载较大,管线较多的商店、仓库、展览馆等。柱网一般布置为正方形或矩形,柱距以 6m 左右较为经济。由于其板跨较大,板厚不宜小于 120mm,一般为 160～200mm。

5. 压型钢板混凝土组合楼板

压型钢板混凝土组合楼板是在型钢梁上铺设压型钢板,以压型钢板作为衬板来现浇混凝土,使压型钢板和混凝土浇筑在一起共同作用,如图 4-5 所示。压型钢板用来承受楼板下部的拉应力(负弯矩处另加铺钢筋),也是浇筑混凝土的永久性模板。压型钢板作为混凝土永久性模板,简化了施工程序,加快了施工进度。此外,还可以利用压型钢板的空隙铺设管线。但是,压型钢板混凝土组合楼板的耐腐蚀性差,防火性能较差。

4-6 压型钢板式楼板层

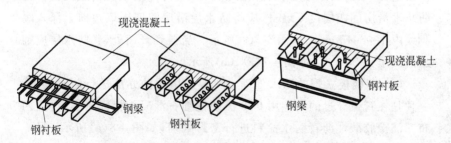

图 4-5 单层压型钢板混凝土组合楼板

4.2.2　楼板层的细部构造

1. 楼板层的排水与防水

对于有水侵蚀的房间,如厕所、盥洗室、淋浴室等,由于水管较多,用水频繁,室内积水的机会也多,容易发生渗、漏水现象。因此,设计时应对这些房间的楼板层、墙身采取有效的防潮、防水措施。如果处理不当,就很容易发生管道、设备、楼板和墙身渗、漏水,影响正常使用,并有碍建筑物的美观,严重的将破坏建筑结构,降低建筑物的使用寿命。通常从以下两方面采取相应的构造处理方法。

1) 楼板层的排水

为便于排水,楼面需有一定坡度,并设置地漏,引导水流入地漏。排水坡度一般为 1‰～1.5‰。为防止室内积水外溢,有水房间的楼面或地面标高应比其他房间或走廊低 20～30mm;若有水房间楼地面标高与走廊或其他房间楼、地面标高相平时,亦可在门口做高出 20～30mm 的门槛,如图 4-6 所示。

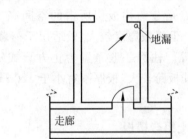

地漏

走廊

图 4-6　有水房间排水示意

2) 楼板层的防水

(1) 楼板防水。对于有水侵袭的楼板,应以现浇为佳。对于防水质量要求较高的地方,可在楼板与面层之间设置一道防水层。常见的防水材料有卷材、防水砂浆或防水涂料等。有水房间地面常采用水泥砂浆地面、水磨石地面、马赛克地面、防滑地砖地面或缸砖地面等。为防止水沿房间四周侵入墙身,应将防水层沿房间四周墙边向上深入踢脚线内 100～150mm,如图 4-7(c)所示。当遇到开门处,其防水层应铺出门外至少 250mm,如图 4-7(a)、(b)所示。

(2) 穿楼板立管的防水处理。一般采用两种办法进行防水处理,一种是在管道穿过的周围用 C20 干硬性细石混凝土捣固密实,再以两布二油橡胶酸性沥青防水涂料进行密封处理,如图 4-8(a)所示;另一种是对某些暖气管、热水管穿过楼板层时,为防止由于温度变化,出现胀缩变形,致使管壁周围漏水,故常在楼板走管的位置埋设一个比热水

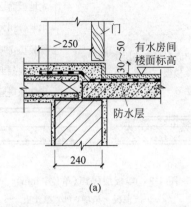

(a)

4-7 混凝土楼地面防水

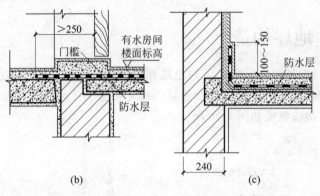

(b)   (c)

图 4-7 有水房间防水处理(单位：mm)

管直径稍大的套管，以保证热水管能自由伸缩而不致波及混凝土楼板。套管应比楼面高出 30mm 左右，如图 4-8(b)所示。

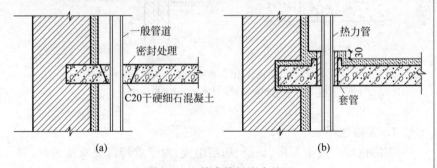

图 4-8 立管穿楼板防水处理

2. 楼板层隔声

通常有两条途径对楼板层进行隔声处理：一是面层处理，采用弹性面层或浮筑层；二是吊顶棚以增加隔声效果。下面仅就面层隔声处理举两例：其一是在楼板层结构上做 50mm 厚 C7.5 炉渣混凝土垫层，再做面层于其上；其二是在楼板结构层上加橡胶垫一类的弹性垫层，再于其上设置龙骨，龙骨上另做木地板，如图 4-9 所示。

知识扩展：

本章依据《住宅建筑规范》(GB 50368—2005)编写：

7.1 噪声和隔声

7.1.2 楼板的撞击声隔声性能的优劣直接关系到上层居住者的活动对下层居住者的影响程度；撞击声压级越大，对下层居住者的影响就越大。计权标准化撞击声压级 75dB 是一个较低的要求，大致相当于现浇钢筋混凝土楼板的撞击声隔声性能。

为避免上层居住者的活动对下层居住者造成影响，应采取有效的构造措施，降低楼板的计权标准化撞击声压级。例如，在楼板的上表面敷设柔性材料，或采用浮筑楼板等。

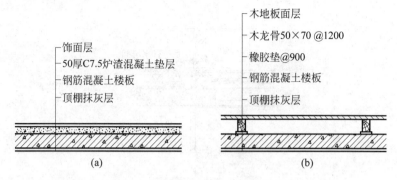

图 4-9　楼板层隔声（单位：mm）

（a）炉渣混凝土垫层；（b）橡胶垫

4.3　地坪构造

地坪层是指建筑物底层与土层相接触的部分，它承受着建筑物底层的地面荷载，并将荷载传给地基。地坪可分为实铺地坪和架空地坪两类，其构造组成如图 4-10 所示。

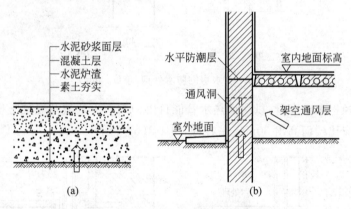

图 4-10　地坪构造

（a）普通保温地坪；（b）架空式通风地坪

1. 实铺地坪

实铺地坪一般由基层、垫层、面层组成，对于有特殊要求的地坪，可在面层与垫层之间增设附加层。

基层是指整平夯实的房心回填土，位于垫层之下，用以承受垫层传下来的荷载，也称为地基。当建筑物标准较高，或地面荷载较大，及室内有特殊使用要求时，应在素土夯实的基础上，再加铺灰土、三合土、碎石、矿渣等材料以加强地基处理，其厚度不宜小于 60mm。

垫层是位于基层上的承受和传递荷载给基层的结构层，分为刚性垫层和柔性垫层。刚性垫层一般采用 80～100mm 厚的低强度等级混凝土（C10 或 C15）垫层，也可采用三合土等；柔性垫层主要使用松散的砂、碎石、炉渣等。刚性垫层整体性好,受力后变形小,多用于整体地面;柔性垫层无整体刚度,受力后变形大,多用于块料地面。

面层又称为地面,是地坪上表面的铺筑层,与楼面一样,是直接承受人、家具、设备等各种物理和化学作用的表面层,起保护结构层和美化室内环境的作用。

附加层是为了满足某种特殊使用功能而设置的层次,如结合层、保温层、防潮层、防水层等。

2. 架空地坪

架空地坪是指用预制板将地坪架空,地坪上的荷载通过墙或梁柱传给基础,最后传到地基。这种地坪的结构层和面层的构造与楼板层相同。这种构造可利用室内外高差,在近地墙留出通风洞,减少土中的潮气对地坪的影响。但是,当建筑物底层下部有管道通过时,不得采用架空地坪,而必须做实铺地坪。

4.4 地面构造

1. 地面要求

(1)足够坚固:地面要在各种外力的作用下不易磨损和破坏,并要求表面平整光洁、易清洗和不起灰。

(2)具有一定弹性:地面具有一定弹性时,可使人行走时不致有过硬的感觉,同时,具有弹性的地面对减轻撞击、降低噪声有利。

(3)材料导热系数小:地面直接与人体接触,可吸走人体热量,所以应该采用导热系数小的材料,使其吸热少,给人以温暖舒适的感觉,冬季走在上面不致感到寒冷。

(4)满足其他特殊要求:对于有特殊用途的房间,地面应有特殊构造。例如,卫生间等有水作用的房间,地面要求防潮、不透水;实验室的地面要耐化学腐蚀等。

2. 地面构造

1)整体地面

(1)抹灰类地面

抹灰类地面是直接施工在混凝土垫层上的一种传统整体地面,应用较为广泛。它包括水泥砂浆地面和混凝土地面。

水泥砂浆地面是应用较多的一种传统地面。其优点是造价低、施工简便、使用耐久;缺点是如施工时操作不当,易产生起灰、起砂、脱皮等现象。水泥砂浆地面的面层有单层和双层两种做法。单层为20mm厚1:2水泥砂浆,双层为12mm厚1:2.5水泥砂浆、13mm厚1:1.5水泥砂浆。水泥砂浆地面构造如图4-11所示。水泥砂浆面层所用之水泥,其强度等级不得低于32.5级。水泥砂浆面层所用之砂,应采用

知识扩展:

本章依据《民用建筑设计通则》(GB 50352—2005)编写:

6.12.4 筑于地基土上的地面,应根据需要采取防潮、防基土冻胀、防不均匀沉陷等措施。

6.12.5 存放食品、食料、种子或药物等的房间,其存放物与楼地面直接接触时,严禁采用有毒性的材料作为楼地面,材料的毒性应经有关卫生防疫部门鉴定。存放吸味较强的食物时,应防止采用散发异味的楼地面材料。

6.12.6 受较大荷载或有冲击力作用的楼地面,应根据使用性质及场所选用由板、块材料、混凝土等组成的易于修复的刚性构造,或由粒料、灰土等组成的柔性构造。

6.12.7 木板楼地面应根据使用要求,采取防火、防腐、防潮、防蛀、通风等相应措施。

6.12.8 采暖房间的楼地面,可不采取保温措施,但遇下列情况之一时,应采取局部保温措施:

1 架空或悬挑部分楼层地面,直接对室外或临非采暖房间的;

2 严寒地区建筑物周边无采暖管沟时,底层地面在外墙内侧0.50~1.00m范围内宜采取保温措施,其传热阻不应小于外墙的传热阻。

中砂或粗砂,也可两者混合使用,其含泥量不得大于3%。因为细砂拌制的砂浆强度要比粗、中砂拌制的砂浆强度低25%～35%,不仅其耐磨性差,而且还有干缩性大、容易产生收缩开裂等缺点。如采用石屑代砂,粒径宜为3～6mm,含泥量不应大于3%。对于厨房、浴室、厕所等房间的地面,必须将流水坡度找好;对于有地漏的房间,应向地漏方向做出不小于5‰的坡度,并要弹好水平线,避免地面"倒流水"或积水。找平时,要注意其地面标高应略低于走道标高。

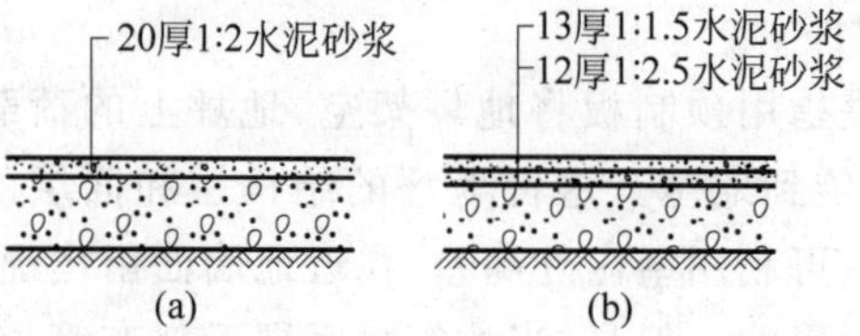

图 4-11 水泥砂浆地面构造

(a) 单层;(b) 双层

混凝土地面的面层常有两种做法:一种是30～40mm厚的C20细石混凝土;另一种是C15混凝土提浆抹光,做面层兼垫层。混凝土地面绝大多数为细石混凝土面层,如果是现浇混凝土楼板或混凝土垫层,则随捣随抹面层。细石混凝土地面的构造如图4-12所示。一般要求细石混凝土面层的强度等级不低于C20,浇筑时混凝土坍落度不得大于3m,最好为干硬性。混凝土应采用机械搅拌,并必须拌和均匀。水泥通常采用硅酸盐水泥或普通硅酸盐水泥。水泥强度等级不低于32.5级。细骨料宜用中砂或粗砂,也可两者混合使用;粗骨料采用碎石或卵石。其粒径应不大于15mm和面层厚度的2/3,含泥量小于2%。

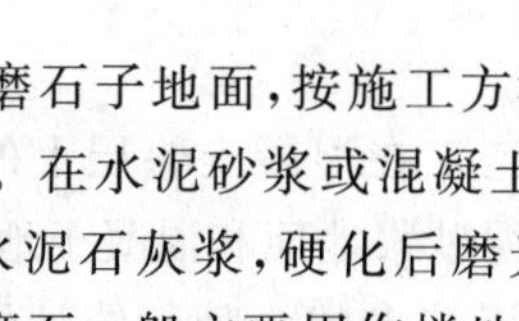

图 4-12 细石混凝土地面构造(单位:mm)

(2)水磨石地面

水磨石地面又称为磨石子地面,按施工方法分为现浇水磨石地面和预制水磨石地面两种。在水泥砂浆或混凝土垫层上,按设计要求分格,并浇筑一定厚度的水泥石灰浆,硬化后磨光、打蜡,即成现浇水磨石,如图4-13所示。水磨石一般主要用作楼地面、踢脚板、楼梯等工程部位,是现在采用较多的一种地面装修形式。这种地面表面平整光滑,可根据设计要求做成彩色图案,外形美观,易清洁,不起灰,造价较低。缺点是地面容易产生泛湿现象,现浇水磨石地面施工较复杂。

水磨石的石粒材料一般采用白云石、大理石、花岗岩等,应当质地坚硬,粗细均匀,色泽一致,粒径一般为4～12mm。大粒径石子彩色水

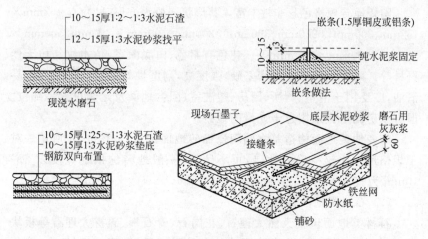

图 4-13 水磨石地面构造(单位：mm)

磨石地面宜采用 3～7mm、10～15mm、20～40mm 三种规格的石子组合。应选用耐碱、耐光的矿物颜料，掺入量不得大于水泥用量的 12%，并以不降低水泥强度等级为宜。分格条也叫嵌条，视建筑物等级不同，通常主要选用黄铜条、铝条和玻璃条三种。施工时，要掌握好开磨时间，以表面石子不松动为准。在打蜡前，应用草酸对面层进行一次适量限度的酸洗。最后一道工序便是打蜡，打蜡的目的是使地面更光滑、美观。

2）块材地面

（1）陶瓷类地面装修构造

陶瓷锦砖，即陶瓷马赛克。它是以优质瓷土烧制而成的小块瓷砖。有挂釉和不挂釉两种，厨房、卫生间、盥洗室的地面多用釉面。陶瓷锦砖常用的有 18.5mm×18.5mm、39mm×39mm 的正方形及边长为 25mm 的六角形等形状规格。可以做成各种颜色，而且色泽鲜艳、稳定、耐污染。它可用于浴室、厕所、厨房、盥洗室、阳台地面及走廊过道等部位。陶瓷锦砖产品，出厂前已按各种图案贴在牛皮纸上，拼成单联，每联尺寸约 305mm×305mm。陶瓷锦砖地面构造如图 4-14 所示。

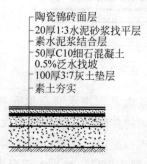

图 4-14 陶瓷锦砖楼地面构造

知识扩展：

本章依据《机械工业厂房建筑设计规范》（GB 50681—2011）编写：

6 有防静电要求的地面面层，应选用导电材料制成的地面，并应做静电接地。

7 有防潮湿要求的库房地面面层，宜选用防潮混凝土、防潮水泥砂浆或沥青砂浆面层。

8 储存笨重物料的地段地面面层，宜选用素土、矿渣、碎石或块石面层。

陶瓷地砖规格色彩非常丰富。其形状一般为方形,尺寸有 152mm×152mm、200mm×200mm、300mm×300mm、400mm×400mm、500mm×500mm、600mm×600mm 等。花色有素色、白底图案、仿木纹和仿天然石材等。陶瓷地砖质地细密坚硬,强度高,耐磨性好,防水,耐酸、碱,易清洁,广泛用于浴室、厕所、厨房、盥洗室、阳台地面及走廊过道等部位。但有水房间不宜采用过于光滑的地砖。

陶瓷地砖地面构造基本同陶瓷锦砖地面构造,如图 4-14 所示。对于规格尺寸比较精确的地砖,可不留缝,一般地砖的接缝宽度以 5～10mm 为宜。

（2）石材类地面装修构造

石材类地面包括天然大理石、花岗石、青石板、碎拼大理石等板块做面层组成的地面。这类地面的特点是耐磨损,易清洗,刚性大,造价偏高,属于中、高档地面装饰,适应于人流活动较大的交通枢纽地面和比较潮湿的场合。此类地面属于刚性地面,只能铺在整体性、刚性均较好基层上,即强度不低于 C15 的细石混凝土垫层或预制楼板上。

天然大理石表面加工分为粗磨、细磨、半细磨、精磨和抛光等五道工序。用它做装饰地面面层,庄重大方,高贵豪华,装修造价高,施工操作严格。由于大理石一般都含有杂质,而且碳酸钙在大气中受二氧化碳、硫化物、水气的作用,也容易风化和溶蚀,表面会很快失去光泽。所以除少数,如汉白玉、艾叶青等至纯、杂质少的比较稳定耐久的品种可用于室外装饰外,其他品种不宜用于室外,一般均用于室内地面装饰。大理石板可按设计加工,常用规格为 600mm×600mm×20mm。大理石地面构造如图 4-15 所示。施工时应注意,大理石地面最好预铺,对好纹理,进行编号,再正式铺贴。铺贴时,一定要先将板块浸水,阴干后擦去背面浮灰方可使用。

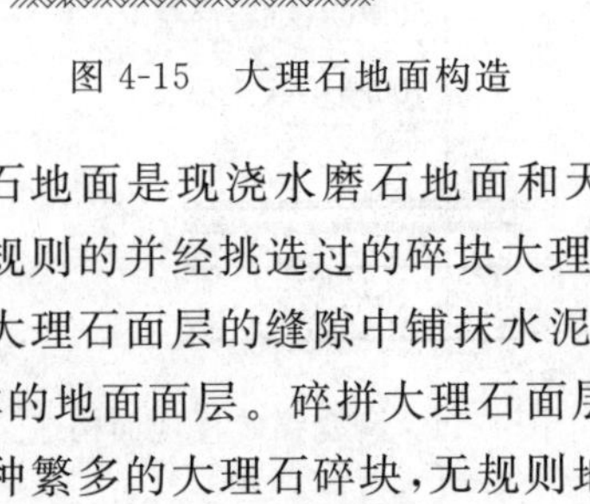

　　— 大理石面层
　　— 30厚1:4干硬性水泥砂浆找平层
　　— 素水泥浆结合层
　　— 50厚C10素混凝土垫层
　　— 100厚3:7灰土垫层
　　— 素土夯实

图 4-15　大理石地面构造

此外,碎拼大理石地面是现浇水磨石地面和天然大理石地面相结合的形式,是采用不规则的并经挑选过的碎块大理石,铺贴在水泥砂浆结合层上,并在碎拼大理石面层的缝隙中铺抹水泥砂浆或石渣浆,最后磨平、磨光,成为整体的地面面层。碎拼大理石面层在高级装饰工程中利用其色泽鲜艳、品种繁多的大理石碎块,无规则地拼接起来点缀雅座

知识扩展：

　　本章依据《机械工业厂房建筑设计规范》(GB 50681—2011)编写：

6.1.2　地面面层采用金属骨料耐磨混凝土及钢格栅加固混凝土时,其强度等级不宜低于 C30 混凝土。

6.1.3　地面和楼面面层分格缝的设置,应符合下列规定:

　　1　细石混凝土面层的分格缝,应与垫层的缩缝对齐;

　　2　水磨石、水泥砂浆、聚合物砂浆等面层的分格缝,除应与垫层的缩缝对齐外,其间距应符合设计要求;

　　3　主梁两侧和柱周边处,宜设分格缝。

地面,别具一格,给人以乱中有序,呆板中有变化,清新雅致、自然优美的感受。碎拼大理石地面构造如图4-16所示。

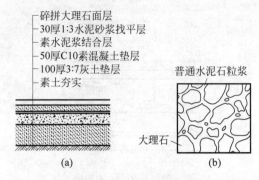

图4-16　碎拼大理石地面

(a)地面构造做法;(b)地面平面示意图

天然花岗石饰面板,一般采用晶粒较粗、结构较均匀、排列比较规整的原材料,经研磨抛光而成。表面平整光滑,棱角整齐。其颜色多为粉红底黑点、花皮、白底黑色、灰白色、纯黑等。花岗石不易风化变质,耐磨,外观色泽可保质百年以上,因此多用于墙基础和外墙饰面,也常用于高级建筑装饰工程、大厅地面、墙裙、柱面等部位,其装饰效果庄重大方,高贵豪华。天然花岗石板楼地面构造同大理石,如图4-15所示。

(3)木地面装修构造

木地面是指楼、地面的面层采用木板铺设的地面,具有弹性好、耐磨、热传导系数小、隔声等优点。如果地板采用清水油漆处理,其木纹理自然美观,高雅名贵。但木地面也容易随着空气中温度及湿度的变化而裂缝和翘曲,耐火性差,保养不善容易腐朽。

木地板板材是由软质木材(如松木、杉木等)和硬质木材(如水曲柳木、柞木、榉木、橡木、柳木、榆木、红木、紫檀木等)加工而成的普通木地板、高级硬木地板、硬质纤维地板及复合木地板等。

木地面一般是由垫木、木搁栅(龙骨)、水平剪刀撑、地板等部分组成。根据木搁栅铺设的位置不同,木地面可分为实铺式木地面和空铺式木地面。

(a)实铺式木地面装修构造

实铺式木地面是将木搁栅直接铺设在混凝土楼板或混凝土基层上的地面,木搁栅之间填以炉渣等隔声材料。基本构造如图4-17所示。

面层是木地面直接承受磨损的部位,亦是室内装饰效果的重要组成部分。木条板面层有单层和双层两种。单层木条板面层是在木搁栅上直接钉企口板,称为普通木地板;双层木板面是在木搁栅上先钉一层毛板,再钉一层硬木企口板,故称为硬木地板。面层材料宜选用耐磨、纹理清晰、有光泽、耐朽、不易开裂、不易变形的优质木材,含水率为12%。从板条的规格及组合方式方面来分,木质地面可分为条板面层

知识扩展:

本章依据《全国民用建筑工程设计技术措施——规划·建筑·景观》编写:

6.2　楼地面

6.2.3　楼地面面层

1　楼地面面层材料的一般厚度需根据不同的材料来决定。

2　木地面应采取防潮、防虫蛀、防腐、防火及通风等措施。

3　存放食品、饮料或药物的房间,其存放物有可能与地面接触者,严禁采用有毒性的或有气味的塑料、涂料或沥青地面。

4　现制水磨石面层宜采用铜分格条、表面经氧化处理的铝分格条或玻璃分格条等。

5　水泥砂浆面层需注意基层处理,防止开裂、空鼓。当房间面积较大或板面不平时,宜采用细石混凝土一次抹光。

6　有较高清洁要求的底层地面,宜设置防潮层;楼地面宜采用现制水磨石、涂料或块材面层。有高清洁度及空气洁净要求的房间,其底层地面,应设置防潮层;面层应采用有弹性与较低导热系数、易于除尘、清洗的材料,如树脂胶泥自流平、树脂砂浆、PVC板材及聚脲涂层等。

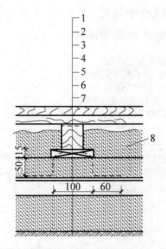

图 4-17　实铺式木地板构造（单位：mm）

1—双层或单层木地板；2—木搁栅，用 12# 铅丝与"⎣⎤"形预埋铁件绑扎牢固；

3—60 厚 C10 细石混凝土预埋"⎣⎤"形铁件；4—毡油防潮层；5—40 厚细石混

凝土刷冷底子油一道；6—100 厚 3∶7 灰土；7—素土夯实；8—炉渣

和拼花面层。条板面层是木地面中应用最多的一种。如果地板采用混水油漆处理，木板多选用松木、杉木；如果地板采用清水油漆处理，多选用水曲柳、柞木、枫木、柚木、榆木等硬质木材。材质要求采用不易腐朽、不易变形开裂的木板，其宽度不大于 120mm。拼花面层是用较短的小板条，通过不同方向的组合，创造出多种拼板图案，如常用的正方格、斜方格、人字拼花等，如图 4-18 所示。拼花面层用胶直接粘贴在毛地板上。

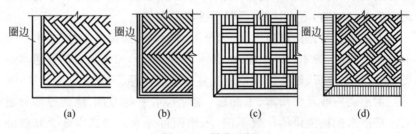

图 4-18　拼花地板

(a) 窄席纹；(b) 人字纹；(c) 正方格；(d) 席纹

木搁栅的作用是承托和固定面层，其断面尺寸为 30mm×50mm，间距不大于 400mm，木搁栅每隔 1200mm 左右用横撑固定，如图 4-19 所示。木搁栅可以借预埋在结构层内的 U 形铁杆嵌固，或用镀锌铁丝扎牢，在绑扎处做 10mm×10mm 凹槽，既可做通风孔，又能保证上皮平齐，如图 4-20 所示。有时为了提高地板的弹性，可做纵、横两层木搁栅。木搁栅下面可以放入垫木以调整地板的水平度，木搁栅和垫木在使用前应做防腐处理，如图 4-21 所示。剪刀撑布置于木搁栅之间，其方法如图 4-22 所示。

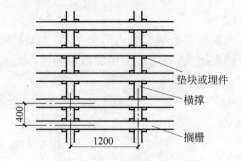

图 4-19　木基层各部件位置示意（单位：mm）

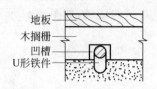

图 4-20　U 形铁件固定示意

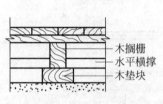

图 4-21　垫块设置示意

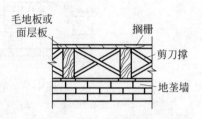

图 4-22　剪刀撑的设置方法

木踢脚板是墙面、地面相交处的构造处理。这不仅可以增加室内美观，也使墙面下部避免遭磕碰、弄污。木踢脚板是常用的一种踢脚板，木地板靠墙四周应离墙 10～20mm，以利通风。在地板和踢脚相交处，如实装封闭木压条，则应在木踢脚板上留通风孔。如图 4-23 所示。

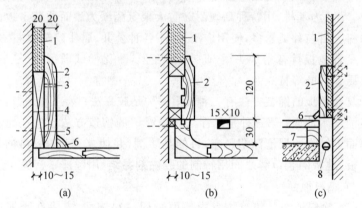

图 4-23　木踢脚板构造（单位：mm）

（a）木踢脚板做法之一；（b）木踢脚板做法之二；（c）木踢脚板在变形缝处做法

1—内墙粉刷；2—20mm×150mm 木踢脚板；3—φ6 通风孔；

4—预埋木砖，120mm×120mm×60mm；5—木垫块；

6—木压条 15mm×15mm（图（a））15mm×20mm（图（c））；

7—木搁栅；8—沥青胶泥及金属调整片

设隔声保温层目的是改善地面的隔声保温性能。一般填充一些轻质材料，如干焦砟、蛭石、矿棉毡和苯板等。

防潮层的作用是防止潮气侵入地板面层引起木材变形、腐蚀等。防潮层一般用冷底子油、热沥青一道或一毡热油做法。

知识扩展：

本章依据《全国民用建筑工程设计技术措施——规划·建筑·景观》编写：

13　有防静电要求的地面，应采用导电的面层，其系统电阻为 $10^5 \sim 10^8 \Omega$，面电阻为 $5 \times 10^4 \Omega \sim 5 \times 10^9 \Omega$，接地电阻不大于 100Ω（引自《整体浇注防静电水磨石地坪技术规程》（CECS 90—1997））的水磨石、水泥砂浆、细石混凝土面层、防静电陶瓷砖或也可采用架空防静电楼地面。架空防静电地板架空高度一般为 150～360mm。架空板常用树脂板以达到绝缘、耐磨要求。

14　防酸楼地面面层，一般用耐酸缸砖、耐酸瓷砖、花岗石板、石英岩板、微晶石板沥青砂浆、树脂砂浆、水玻璃混凝土及塑料面层。

15　防氢氟酸楼地面面层，一般用炭砖、重晶石，或以硫酸钡砂石、重晶石砂、石配制的沥青砂浆，树脂砂浆面层或塑料面层。

（b）空铺式木地面装修构造

空铺式亦称架空式，是将木搁栅两头搁于墙内的垫木上，木搁栅之间加设剪刀撑，其余构造基本同实铺式，多用于房层的地层和砖木结构房屋的楼层，如图 4-24 所示。

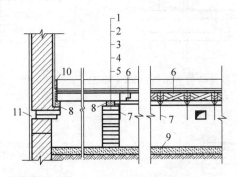

图 4-24　架空木地面

1—压缝条 20mm×20mm；2—松木地板条 23mm×100mm；
3—木搁栅（木梁）500mm×100mm 中-中 400；4—干铺油毡一层；
5—砖地垄墙厚 240、每 1500 一道；6—刀撑 40mm×40mm 中-中 1500；
7—12# 绑扎铅丝；8—垫木（压檐木）50mm×75mm；9—房心"三七"灰土 100 厚；
10—木踢脚板 23mm×150mm；11—通风洞 120mm×180mm

（c）复合地板

木质复合地板是以中密度纤维板（厚 9mm）或以多层实木粘贴（厚 9～15mm）为基材，用特种高硬耐磨防火聚氨酯漆为漆面的新型地面装饰材料。目前种类繁多，使用广泛，用于各种公共、居住建筑中。

复合地板具有耐烟头烫、防水、防变形、耐化学试剂污染、易清扫、抗重压和耐磨等特点。

复合地板的铺装方法有三种：第一种是胶黏法；第二种是打钉法，同实铺式木地面；第三种是悬浮法。悬浮法的构造方法是先在比较平的基面上铺设一层泡沫塑料布，目的是防潮，并使之有弹性；再铺设复合地板，地板的企口缝之间用特制的胶黏剂黏结，用锤锤紧密缝。

3）熟料地面

（1）涂料地面。建筑物室内地面采用涂料饰面，它涂在水泥压光的基面上，是一种施工简便、造价较低的方法。与传统的地面板块、陶瓷、砖、水磨石等相比，其有效使用年限相对较短，但工效高，造价低，质轻，维修方便；与塑料地面、地毯等相比，质感及弹性虽较差，但整体性好，价格低廉。使用地面涂料对室内环境有明显改观，由于光洁而感到明亮，由于花纹多彩而感到新颖。地面涂料有一定的耐摩擦、耐践踏、耐洗刷和耐污等特点。

（2）塑料地面。塑料地面不仅具有其独特的装饰效果，还有脚感舒适、不易沾灰、噪声小、防滑、耐磨、自熄、绝缘性好、吸水性小、耐化学腐蚀等特点，还可拼成各种图案，没有水泥地面的冷、硬、潮、脏等缺陷。

知识扩展：

本章依据《全国民用建筑工程设计技术措施——规划·建筑·景观》编写：

16　防碱楼地面面层，一般用以石灰岩砂石配制的水泥砂浆或混凝土作面层，也可用钢板或聚合物水泥砂浆作面层。耐酸瓷砖、花岗石等耐酸材料虽不耐碱，但由于其密度高，亦有较好的耐碱性。使用时应注意以下几点。

（1）一般耐酸材料不耐碱，耐碱材料不耐酸。在常用的耐腐蚀材料中耐酸又耐碱的材料极少。

（2）民用建筑中常用材料的耐腐蚀性能如下：

① 钢耐碱；不耐酸，不耐水，不耐任何大气；

② 镀锌钢耐普通大气（是指没有受到污染的空气），耐水；不耐酸，不耐碱，不耐海洋大气（主要含盐雾、氯气等），不耐水泥；

③ 铝耐浓硝酸，耐pH值为 4.5～8 的水，耐尿素；不耐酸，不耐碱，不耐混凝土。

塑料地面按面层厚薄之差别,有单层、多层之分。单层塑料地面面层多属于低发泡塑料地板,一般厚 3～4mm,表面压成凹凸花纹,吸收冲击力大,防滑、耐磨,多用于公共建筑,如体育馆、音乐厅、酒吧等。多层塑料地面由上、中、下三层构造组成:下层为 PVC 底层;中层一般为具有弹性的纤维组合层;上层为面层,这种地面不仅具有良好的耐磨性,还具有一定的装饰效果。

塑料地面按施工方法分可分为板块、卷材粘贴或干铺和塑料涂布地面。通常用于地面面层的塑料板块有半硬质和软质,而卷材只有软质。板块、卷材的面层种类有聚氯乙烯塑料地板、聚氯乙烯-聚乙烯共聚塑料地板、氯乙烯-醋酸乙烯塑料地板、聚乙烯树脂塑料地板、半硬质石棉塑料地板及氯化聚乙烯卷材等。塑料涂布地面面层有环氧树脂涂布地面、聚氨酯涂布地面、不饱和聚酯涂布地面、聚醋酸乙烯塑料地面等。塑料地面对铺贴基层的基本要求是平整、结实,有足够强度,各阴阳角必须方正,无污垢灰尘和砂粒,含水率要求不大于 8%,采用专用胶粘贴。

4-8　阳台类型

4.5　阳台与雨篷构造

阳台是楼房建筑中供人与室外接触的平台,为人们提供户外活动的场所,可改变单元式住宅给人们造成的封闭感和压抑感,同时,它也是建筑物外部形象的一个重要组成部分。

雨篷位于建筑物出入口的上方,用来遮挡风雨,给人们提供室内外的过渡空间,同时起到保护门和丰富建筑立面的作用。

4.5.1　阳台的分类及设计要求

1. 阳台的分类

1) 按其与外墙的相对关系

阳台按其与外墙的相对关系可分为挑阳台、凹阳台、半挑半凹阳台,如图 4-25 所示。

2) 按阳台封闭和开放

按阳台是否封闭又可分为封闭阳台和非封闭阳台,如图 4-26 所示。寒冷地区居住建筑一般设计成封闭阳台,以阻挡冷气侵袭室内,保证阳台及室内的热环境;南方炎热地区一般做成非封闭阳台,以利于通风。

3) 按阳台的使用功能不同

阳台按其使用功能的不同可分为生活阳台和服务阳台,生活阳台一般靠近卧室或客厅,服务阳台一般靠近厨房。

4) 按阳台的承载方式不同

阳台的结构布置按其受力及结构形式的不同主要有搁板式和悬挑

知识扩展:

本章依据《全国民用建筑工程设计技术措施——规划·建筑·景观》编写:

11.1 阳台

11.1.1 阳台、外廊、室内回廊等临空处应设置防护栏杆(板)。

1 栏杆(板)应以坚固、耐久的材料制作,并能承受荷载规范规定的水平荷载。

2 对于栏杆(板)高度,低层、多层住宅或临空高度在 24m 以下时,不应低于 1.05m;中高层、高层住宅或临空高度在 24m 及以上时,不应低于 1.10m,高层住宅不宜高于 1.20m;幼儿园、中小学及少年儿童专用活动场所的阳台和屋顶平台防护栏杆(板)高度不应低于 1.20m。

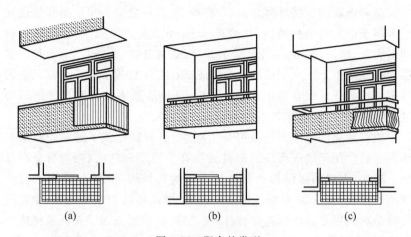

图 4-25　阳台的类型
(a) 挑阳台；(b) 凹阳台；(c) 半挑半凹阳台

图 4-26　封闭阳台与非封闭阳台

式，而悬挑式中又有挑板式和挑梁式之分。

　　搁板式一般适合于凹阳台或带两侧墙的凸阳台。它是将阳台底板（现浇或预制）支承于两侧凸出的承重墙上，阳台底板形式和尺寸与楼板一致，施工方便。这种阳台的进深尺寸可以做得较大些，使用较方便，如图 4-27(a) 所示。

　　挑板式有两种结构布置方式：一种是利用现浇或预制的楼板延伸外挑，外形挑出的阳台底板，此时挑出的阳台底板的重力靠与之成为一体的室内这部分楼板及压在两板端的横墙的重力来平衡，如图 4-27(b) 所示；另一种是将阳台底板与过梁、圈梁整浇在一起，借助梁的重力来平衡挑出的阳台底板的重力，也可以将过梁室内一侧做成凹槽，用第一块预制板压住过梁，这样抗倾覆效果会更好。这种挑板式阳台的挑出长度一般宜在 1.0m 以内，如图 4-27(c) 所示。

　　挑梁式的做法是从横墙上外挑梁，梁上置板而成。挑梁与板通常整浇在一起,平衡挑梁靠两侧置于梁上的横墙的重力。由于梁挑出,所以阳台的挑出长度可稍大些,但挑梁式在阳台立面上可以看到两梁端头,不够美观,也对阳台封闭不利,因此可增设边梁解决这一问题,但边梁对室内采光又有影响,如图 4-27(d)所示。

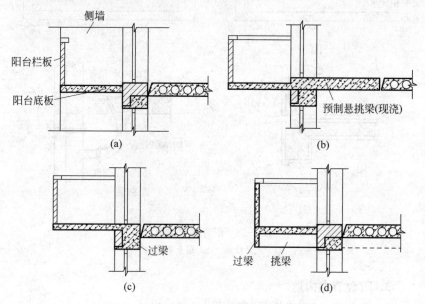

图 4-27　阳台的结构布置

(a) 凹阳台；(b) 挑板式；(c) 挑板式——预制板；(d) 挑梁式

2. 阳台的构造要求

设计阳台时一般应满足下列要求。

1) 适用美观

阳台是丰富建筑立面的重要手段,形式多样的栏杆、栏板,以及阳台的色彩、质感等都会给建筑带来不同的立面形象。

2) 安全坚固

挑阳台挑出长度不宜过大,应满足结构抗倾覆的要求,以保证结构安全。阳台宽度不能太小,以方便人们活动,一般在 1.2~1.5m 为宜。一般阳台栏杆高度不小于 1.05m,以确保安全。

另外,为保证阳台坚固耐久,承重结构宜采用钢筋混凝土,金属构件应做防锈处理。

3) 阳台排水

为防止阳台上的雨水流入室内,阳台的地面应比室内地面低 20~50mm,并做 1% 左右的坡度,以便将雨水排出。在阳台一侧的栏板下设排水孔,埋设 $\phi40$ 或 $\phi50$ 的镀锌钢管或塑料管,并伸出阳台栏板外不小于 80mm,以防排水时落到下面的阳台上,也可以将雨水导入雨水管内。阳台排水构造如图 4-28 所示。

知识扩展:

　　本章依据《全国民用建筑工程设计技术措施——规划·建筑·景观》编写:

11.1.2　阳台栏杆(板)构造必须坚固、安全。高层建筑宜采用实心栏板。栏杆(板)上加设花池时,必须解决花池泄水问题。有可能放置花盆处必须采取防坠落措施。

11.1.3　开敞阳台顶层和上、下层错位的阳台宜设置雨篷等挡雨设施。各套住宅之间毗连的阳台应设置具有一定强度的实心隔板。

11.1.4　开敞阳台及其雨篷应采用有组织排水,雨篷应做防水。开敞阳台地面宜设支管接入排水立管,立管不宜断开,且不宜穿越各层阳台楼板。低层阳台可采用泄水管排水,伸出阳台不小于 0.05m。

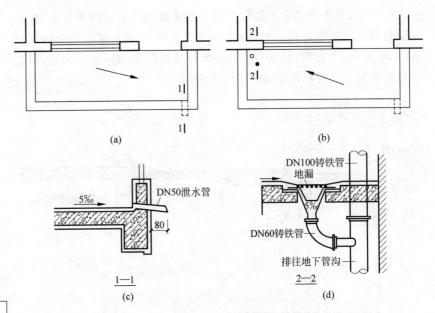

图 4-28 阳台排水构造

(a) 水舌排水；(b) 雨水管排水

3. 阳台节点构造

1）阳台的栏杆（或栏板）和扶手

阳台栏杆（或栏板）是阳台的围护构件，起保障阳台上的人的安全及装饰作用。从外观上看，阳台栏杆有镂空的栏杆和实心的栏板，如图4-29所示。从材料上看，有金属及钢筋混凝土栏杆、砖砌及钢筋混凝土栏板及其他材料的栏板。

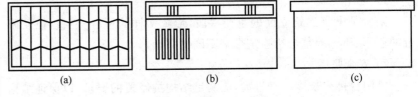

图 4-29 阳台立面举例

(a) 金属栏杆；(b) 半镂空栏杆；(c) 实心栏板

镂空栏杆一般由金属或预制钢筋混凝土构件构成，金属栏杆多为竖向的圆钢或方钢，它们与阳台板周边预埋的通长扁钢焊牢，或直接埋入阳台边周边的预留洞内，如图4-30（a）所示；预制钢筋混凝土栏杆则采用插入面梁和扶手内后再现浇钢筋混凝土的办法解决。还可在竖向栏杆上增加一些花饰起装饰作用，镂空栏杆在南方炎热地区的应用较为广泛，在北方寒冷地区目前已极少采用。

现浇钢筋混凝土栏板的做法是将预埋于阳台底板的钢筋扶起，按设计要求绑扎好，再整浇混凝土栏板及扶手，如图4-30（b）所示。

砖砌栏板通常有立砌（60厚）和顺砌（120厚）两种，由于顺砌砖栏板厚度大、荷载重,所以一般较少采用。为确保立砌砖栏板的安全,常在砖栏板外罩一层钢筋网,再加一圈钢筋混凝土扶手,如图 4-30(c)所示。

其他材料的阳台栏板还有泰柏板栏板(图 4-30(d))、预制钢丝网水泥薄板、玻璃和其他复合材料的栏板。

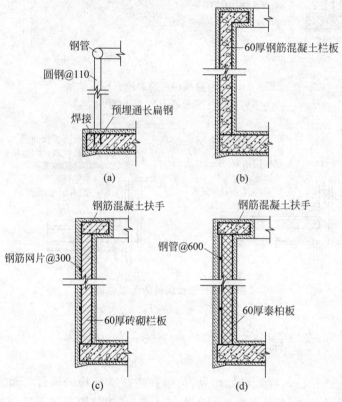

图 4-30　阳台栏杆、栏板构造举例

(a) 金属栏杆;(b) 现浇钢筋混凝土栏板;(c) 砖砌栏板;(d) 泰柏板栏板

2) 阳台的保温

近年来,为改善阳台空间的环境,提高其空间利用率,北方寒冷地区居住建筑常对阳台进行保温处理。保温处理主要有以下三个环节。其一,采用保温的阳台栏板材料,或对不保温的阳台栏板进行保温处理。其二,对阳台进行封闭处理,即用玻璃窗(最好为单框双玻璃窗)将阳台包围起来。北向封闭阳台可以阻挡冷风直灌室内,改善阳台空间及其相邻房间的热环境,有利于建筑节能。为通风排气,封闭阳台的窗应设一定数量的可启窗扇。图 4-31 为保温阳台栏板及封闭阳台窗构造举例。其三,阳台的钢筋混凝土底板是形成热桥的主要部位之一,北方寒冷地区宜采取方法避免或减少热桥作用,可以采取在阳台底板上、下分别做保温处理,即贴苯板保温吊顶和苯板钢板网抹灰的做法。构造举例见图 4-32。

知识扩展:

本章依据《住宅设计规范》(GB 50096—2011)编写:

5.6　阳台

5.6.1　每套住宅宜设阳台或平台。

5.6.2　阳台栏杆设计必须采用防止儿童攀登的构造,栏杆的垂直杆件间净距不应大于 0.11m,放置花盆处必须采取防坠落措施。

5.6.3　阳台栏板或栏杆净高,六层及六层以下不应低于 1.05m;七层及七层以上不应低于 1.10m。

5.6.4　封闭阳台栏板或栏杆也应满足阳台栏板或栏杆净高要求。七层及七层以上住宅和寒冷、严寒地区住宅宜采用实体栏板。

5.6.5　顶层阳台应设雨罩,各套住宅之间毗连的阳台应设分户隔板。

5.6.6　阳台、雨罩均应采取有组织排水措施,雨罩及开敞阳台应采取防水措施。

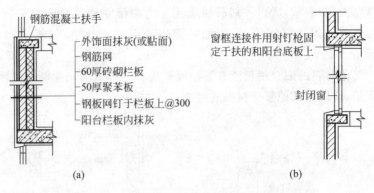

(a)   (b)

图 4-31　阳台栏板保温及封闭窗构造举例

（a）阳台栏板保温；（b）封闭窗构造

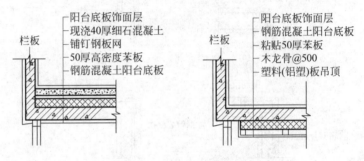

图 4-32　阳台底板的保温处理

4.5.2　雨篷

　　雨篷是建筑物入口处遮风、挡雨和防高空落物的构件。雨篷一般做成悬挑构件，悬挑长度一般不大于 1.5m。钢筋混凝土雨篷一般把雨篷板与入口门窗过梁浇筑在一起。雨篷的荷载比阳台小，所以雨篷板的厚度较小，有时为了立面处理的需要，板外沿常做翻边处理。当雨篷挑出尺寸较大时，往往在入口处加支柱形成门廊。雨篷也可采用金属、玻璃等其他材料。各种形式的雨篷实例如图 4-33 所示。

4-9　雨篷类型

图 4-33　雨篷实例

第 5 章

楼梯、坡道、电梯及自动扶梯

5.1 楼梯

楼梯是建筑物中联系上、下层的交通构造措施,起方便人们上、下楼层以及紧急疏散的作用。在楼梯中,坡道和台阶是其中一种特殊形式。针对高层建筑或人流较大的场所,还可使用电梯或自动扶梯联系上、下层。

5.1.1 楼梯的种类

1. 按楼梯间的防火和疏散要求分类

开敞式楼梯间:直接与楼层相连,如图 5-1(a)所示。

封闭式楼梯间:指用耐火建筑构件分隔,能防止烟和热气进入的楼梯间,如图 5-1(b)所示。

防烟楼梯间:具有防烟前室和防排烟设施,并与建筑物内使用空间分隔的楼梯间,如图 5-1(c)所示。

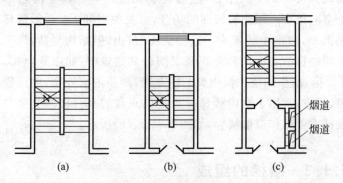

图 5-1 楼梯间平面形式

(a) 开敞楼梯间;(b) 封闭楼梯间;(c) 防烟楼梯间

知识扩展:

本章依据《建筑设计防火规范》(GB 50016—2014)

2.1 术语

2.1.14 安全出口 safety exit

供人员安全疏散用的楼梯间和室外楼梯的出入口或直通室内外安全区域的出口。

2.1.15 封闭楼梯间 enclosed staircase

在楼梯间入口处设置门,以防止火灾的烟和热气进入的楼梯间。

2.1.16 防烟楼梯间 smoke-proof staircase

在楼梯间入口处设置防烟的前室、开敞式阳台或凹廊(统称前室)等设施,且通向前室和楼梯间的门均为防火门,以防止火灾的烟和热气进入的楼梯间。

5-1 楼梯类型

2. 按使用性质分类

按楼梯的使用性质分为主要楼梯、辅助楼梯、消防楼梯。

3. 按材料分类

按所用材料分为木楼梯、钢楼梯、钢木楼梯、钢筋混凝土楼梯等。其中,钢筋混凝土楼梯坚固耐久、易成型且防火,使用最为普遍。

4. 按平面形式分类

按平面形式分为直线式楼梯、折线式楼梯和曲线式楼梯。

直线式楼梯不转向,直接由一层到另一层,中间可设平台,构造简单,常见类型有单跑直楼梯和双跑、多跑直楼梯。单跑直楼梯用于层高较小的建筑,如图 5-2(a)所示;双跑、多跑直楼梯用于层高较大或进深较大的建筑,或为加强庄严气氛的会堂及纪念性建筑的室外楼梯,如图 5-2(b)所示。

折线式楼梯上楼要经过转折,行进方向发生改变,常见类型如下。双跑平行楼梯,占用进深尺寸小,适合矩形平面,其平面形状和尺寸与一般房间相似,便于进行建筑平面布置,应用普遍,如图 5-2(e)所示;双分、双合平行楼梯,两部双跑双折式楼梯并在一起,梯间开阔,通行人流量大,常用于公共建筑的主要楼梯,如图 5-2(g)所示;三(四)跑楼梯,常用于楼梯间平面为正方形,楼梯间顶部采光,或强调楼梯室内装饰功能的建筑中,但不宜用于住宅、小学等儿童经常上、下楼梯的建筑,如图 5-2(f)所示;双分转角楼梯,下行梯段与上行梯段在平面中呈 90°转折,人流导向明确,庄重气派,多用于大型宾馆、酒店等建筑的门厅中,如图 5-2(d)所示;曲尺楼梯,下行梯段与上行梯段在平面中呈 90°转折,也可大于或小于 90°。占地面积小,楼梯间的平面形状灵活,常用于影剧院、体育馆等建筑的门厅或楼梯间平面形状为三角形的多、高层建筑中,如图 5-2(c)所示;剪刀楼梯,两部双跑双折式楼梯靠在一起,通行的人流量大,如图 5-2(l)、(m)所示。

曲线式楼梯无中间平台,造型优美、自由,可丰富室内艺术效果。多用于空间狭窄或强调装饰性的场合,常见类型如下:弧形楼梯,楼梯段为圆弧形,曲率半径较大。造型优美、自由,但结构复杂,施工麻烦,用于强调楼梯的装饰性和美观要求的公共建筑中,如图 5-2(h)、(i)所示;螺旋形,踏步围绕一根中央圆柱布置,踏步内窄外宽,坡度较陡,造型优美、活泼,常用于套内楼梯或者是供观赏的亭台楼阁等公共场所,螺旋楼梯不可用作疏散楼梯,如图 5-2(j)、(k)所示。

5.1.2 楼梯的组成

楼梯一般由梯段、平台、栏杆(栏板)扶手三个部分组成,图 5-3 为楼梯组成示意图,图 5-4 为楼梯各部位名称。

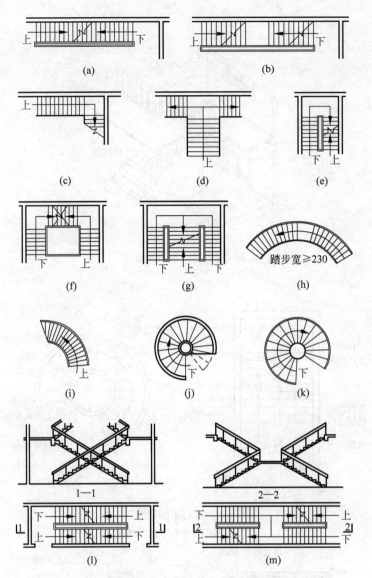

图 5-2 按梯段空间形式划分楼梯的类型(单位:mm)

(a) 单跑直楼梯；(b) 双跑直楼梯；(c) 曲尺楼梯；(d) 双分转角楼梯；(e) 双跑平行楼梯；

(f) 三跑楼梯；(g) 双分平行楼梯；(h) 双跑弧形楼梯；(i) 单跑弧形楼梯；

(j) 无中柱螺旋楼梯；(k) 中柱螺旋楼梯；(l) 交叉楼梯；(m) 剪刀楼梯

1. 梯段

梯段是联系两个不同标高平台的倾斜构件,俗称梯跑。较常用的有板式梯段和梁板式梯段,其中板式梯段由踏步板组成,而梁板式梯段由踏步板与斜梁组成。踏步的构成部分包括踏面和踢面,踏面是踏步中人们脚踏的水平部分,踢面则是踏步中形成高差的垂直部分。一般每个梯段的踏步数均不应超过18级,这可防止梯段过长使人上楼梯时产生疲劳感。但是如果步数太少,又容易被人们忽略而摔倒,所以梯段

知识扩展:

本章依据《民用建筑设计通则》(GB 50352—2005)编写:

2 术语

2.0.23 栏杆 railing

高度在人体胸部至腹部之间,用以保障人身安全或分隔空间用的防护分隔构件。

2.0.24 楼梯 stair

由连续行走的梯级、休息平台和维护安全的栏杆(或栏板)、扶手以及相应的支托结构组成的作为楼层之间垂直交通用的建筑部件。

知识扩展：

　　本章依据《民用建筑设计通则》(GB 50352—2005)编写：

6.7　楼梯

6.7.1　楼梯的数量、位置、宽度和楼梯间形式应满足使用方便和安全疏散的要求。

6.7.2　墙面至扶手中心线或扶手中心线之间的水平距离，即楼梯梯段宽度，除应符合防火规范的规定外，供日常主要交通用的楼梯的梯段宽度应根据建筑物使用特征，按每股人流为 0.55m ＋(0～0.15)m 的人流股数确定，并不应少于两股人流。0～0.15m 为人流在行进中人体的摆幅，公共建筑人流众多的场所应取上限值。

6.7.3　梯段改变方向时，扶手转向端处的平台最小宽度不应小于梯段宽度，并不得小于 1.20m，当有搬运大型物件需要时应适量加宽。

6.7.4　每个梯段的踏步不应超过 18 级，亦不应少于 3 级。

6.7.5　楼梯平台上部及下部过道处的净高不应小于 2m，梯段净高不宜小于 2.20m。

　　注：梯段净高为自踏步前缘(包括最低和最高一级踏步前缘线以外 0.30m 范围内)量至上方突出物下缘间的垂直高度。

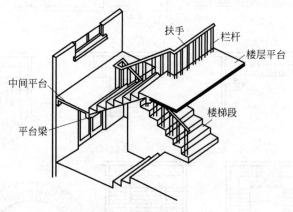

图 5-3　楼体组成示意图

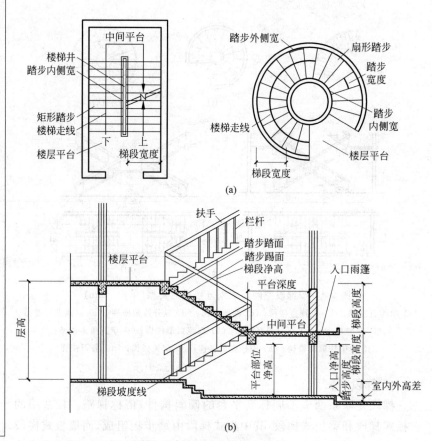

(a)

(b)

图 5-4　楼梯各部位名称

(a) 楼梯平面；(b) 楼梯剖面

的踏步数也不应少于 3 级。

2. 平台

连接两个梯段之间的水平构件便是楼梯平台。按其所处位置和高度的不同,楼梯平台又分为中间平台和楼层平台。中间平台又称休息平台,是位于两个楼层之间的平台,作用是供人们上、下楼梯时转变行进方向,或稍事休息调节体力。而楼层平台是与楼层地面标高相同的平台。

3. 栏杆(栏板)扶手

楼梯栏杆(栏板)是设在楼梯梯段及平台边缘起安全保护作用的构件。扶手是设在栏杆(栏板)顶部或设在梯段一侧的墙上供行人依扶用的连续构件。当梯段宽度不大时,扶手可只在梯段临空面设置;当梯段宽度较大时,还可在靠墙侧加设扶手;当梯段宽度很大时,则可在梯段中间加设中间扶手。

5.1.3　楼梯的尺度

1. 楼梯的坡度

楼梯坡度是指梯段中各级踏步前缘的假定连线与水平面形成的夹角,在实际应用中均有踏步宽高比决定。楼梯的坡度越小,通行能力越强,行走越舒适,但会加大梯间进深,增加建筑占用面积,从而增加造价。而当坡度过大时,虽然节约了建筑面积,减少了造价,但行走起来费力,从而造成通行能力减弱。一般常用的坡度为 1:2 左右。对于使用频繁、人流较多的公共建筑,楼梯的坡度可以平缓一些;对于使用人数较少的居住建筑,或供少量人员通行的内部楼梯、辅助楼梯等,其坡度可以适当陡一些。楼梯的坡度范围一般为 $20°\sim45°$,对于较缓的楼梯,一般采用 $26°34'$;对于坡度稍大些的楼梯,常采用 $33°42'$。当坡度小于 $20°$ 时,可以设计成坡道;当坡度大于 $60°$ 时,可设计为爬梯。如图 5-5 所示为楼梯的坡度范围。

2. 踏步尺寸

楼梯踏步由踏面和踢面组成,踏步尺寸包括踏步宽度(b)和踏步高度(h),具体如图 5-6(a)所示。楼梯踏步高度与宽度的比决定了楼梯的坡度。

一般踏步面的宽度不宜小于 250mm,其与人的脚长以及脚与踏步面接触的状态有关,当人的脚完全落在踏步上,使人感觉行走舒适的踏步面宽为 300mm 左右。如果踏步面过窄,则会使脚部分悬空而导致行走不便,也不安全。如果踏面较窄,则可做成带踏口或斜踢面的形式,使踏面的实际宽度加大,一般踏口出挑 $20\sim25$mm,具体如图 5-6(b)、(c)所示。

知识扩展:

本章依据《民用建筑设计通则》(GB 50352—2005)编写:

6.7.6　楼梯应至少于一侧设扶手,梯段净宽达三股人流时应两侧设扶手,达四股人流时宜加设中间扶手。

6.7.7　室内楼梯扶手高度自踏步前缘线量起不宜小于 0.90m。靠楼梯井一侧水平扶手长度超过 0.50m 时,其高度不应小于 1.05m。

6.7.8　踏步应采取防滑措施。

6.7.9　托儿所、幼儿园、中小学及少年儿童专用活动场所的楼梯,梯井净宽大于 0.20m 时,必须采取防止少年儿童攀滑的措施,楼梯栏杆应采取不易攀登的构造,当采用垂直杆件做栏杆时,其杆件净距不应大于 0.11m。

6.7.10　略。

6.7.11　供老年人、残疾人使用及其他专用服务楼梯应符合专用建筑设计规范的规定。

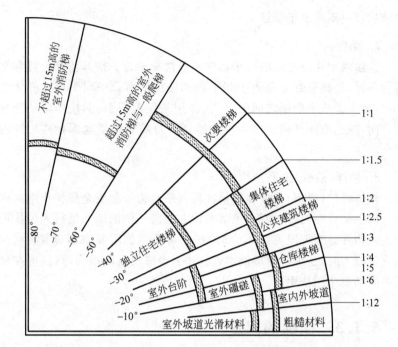

图 5-5 楼梯的坡度范围

本章依据《全国民用建筑工程设计技术措施——规划·建筑·景观》编写：

8.2 楼梯、楼梯间设计

8.2.1 楼梯按平面投影形式常见的有直线形、折线形、弧形、螺旋形等。

8.2.2 踏步设计

1 疏散用楼梯或疏散走道上的阶梯，不宜采用螺旋楼梯和扇形踏步；但踏步上下两级所形成的平面角度不大于 $10°$，且每级离内侧扶手中心 0.25m 处的踏步宽度超过 0.22m 时，可不受此限。

2 楼梯踏步宽度 b 加高度 h，宜为 $b+h=450$mm，$b+2h\geqslant600$mm。

3 楼梯每一梯段的踏步高度应一致，当同一梯段首末两级踏步的楼面面层厚度不同时，应注意调整结构的级高尺寸，避免出现高低不等；相邻梯段踏步高度、宽度宜一致，且相差不宜大于 3mm。

4 楼梯踏步应采取防滑措施。防滑措施的构造应注意舒适与美观，构造高度可与踏步平齐、凹入或略高（不宜超过3mm）；老年建筑的疏散楼梯踏步前缘宜设防滑条，并应具有警示标识（可采用和踏面不同颜色的防滑条，宽度不宜大于10mm）。踏步的起、终端应设局部照明。

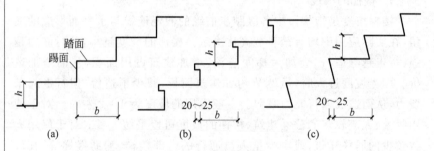

图 5-6 踏步形式(单位：mm)
(a)—般楼梯形式；(b)带踏口的楼梯形式；(c)斜踢面楼梯形式

踢面高度与人的步幅和踏面宽度有关。一般人的步幅为 $600\sim620$mm，因此，可用公式 $2h+b=600\sim620$mm 或 $h+b=450$mm 来计算。如表 5-1 所示为踏步尺寸的限值规定。

表 5-1 楼梯踏步最小宽度与最大高度　　　　　mm

楼 梯 类 别	最小宽度	最大高度
住宅共用楼梯	260	175
幼儿园、小学等楼梯	260	150
电影院、剧场、体育场、商场、医院、疗养院、旅馆、大中学校等楼梯	280	160
其他建筑楼梯	260	170
专用疏散楼梯	250	180
服务楼梯、住宅套内楼梯	220	200

3. 楼梯梯段宽度

楼梯梯段宽度是墙面至扶手中心线或扶手中心线之间的水平距离,可根据紧急疏散时通过的人流股数和家具、设备的通行宽度而确定。设计时,应根据不同建筑物的使用特征,按人流股数来确定,且至少为两股人流。其中每股人流为 0.55m + (0~0.15)m,0.55m 为成年人的平均肩宽,0~0.15m 为人流在行进中人体的摆幅,在人流众多的场所应取上限值,单人行走的楼梯梯段的宽度还需适当加大。尤其在人员密集的公共场所,如商场、剧场、体育馆等,可以避免造成垂直交通拥挤和阻塞现象,其主要楼梯应考虑多股人流通行;同时,还要满足各类建筑设计规范中对梯段宽度的低限要求。如表 5-2 所示为楼梯梯段的一般计算依据。

表 5-2　楼梯梯段宽度

梯段类别	梯段宽度/mm	备　　注
单人单墙	＞900	满足单人携物通过
双人双墙	＞750	—
双人通行	1100~1400	消防要求每个楼梯必须保证两人可以同时上、下
三人通行	1650~2100	—

计算依据:每股人流为 0.55m + (0~0.15)m。

4. 梯井宽度

梯井是指梯段之间形成的空当,该空当从顶层贯通至底层,如图 5-7 中 C 所示。梯井宽度通常在 60~200mm,若大于 200mm,则应考虑安

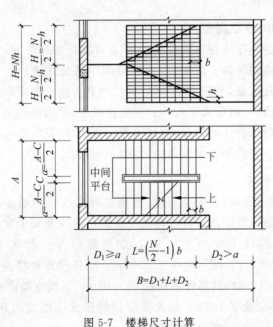

图 5-7　楼梯尺寸计算

全措施。在平行多跑楼梯中,一般可无梯井,但为了梯段施工安装和平台转弯缓冲,可设梯井。

5. 平台宽度

对于平行和折行多跑等梯段改变方向的楼梯,中间平台的最小宽度不应小于梯段宽度,并不得小于1200mm,以便于转折处人流的通行和家具的搬运,当搬运大型物件时,可按需适量加宽,如图5-8所示。对于梯段不改变方向的直行多跑楼梯,中间平台的最小宽度不应小于1100mm。

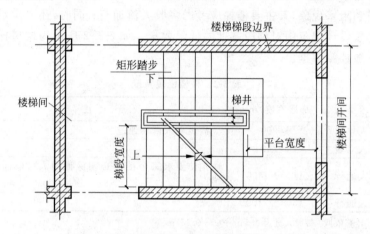

图5-8　中间平台宽度示意图

楼层平台应比中间平台更宽一些,以保证人流的分配和停留。当楼梯间内有凸出的结构构件时,为保证不影响平台的疏散宽度,应适当加大平台的宽度。

6. 楼梯的净空高度

楼梯净空高度应保证人流通行安全和家具搬运便利,包括平台部位和梯段部位的净高。其中,平台部位的净高是指楼梯平台至上部结构下缘的垂直高度,不应小于2m。梯段净高为踏步前缘到上部结构底面的垂直距离,一般应大于人体上肢伸直向上,手指触到上部结构的距离。根据人肩扛物体的需要,梯段净高一般不小于2.2m,以保证人在行进时不发生碰撞和产生压抑感,如图5-9所示。

7. 栏杆扶手

栏杆扶手是梯段的安全设施,楼梯栏杆高度是指踏步前缘至上方扶手中心线的垂直距离。栏杆的高度要满足使用及安全要求。一般室内楼梯栏杆高度不应小于0.9m。如果靠梯井一侧水平扶手超过500mm长度时,其高度不应小于1.05m。室外楼梯栏杆高度：当临空高度在24m以下时,其高度不应低于1.05m；当临空高度在24m以上时,其高度不应低于1.1m；幼儿园建筑的楼梯应增设幼儿扶手,其高度不应大于600mm,如图5-10所示。

5-2　楼梯通行净高不足

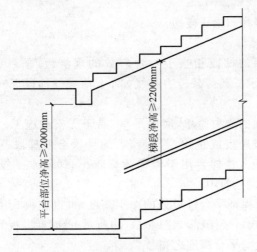

图 5-9　楼梯净空高度示意图

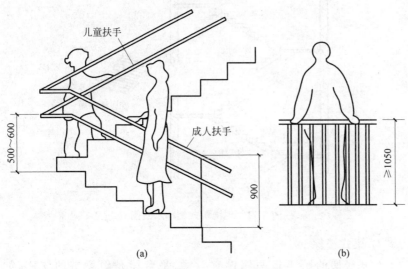

图 5-10　栏杆扶手的尺寸(单位：mm)

(a)梯段处；(b)顶层平台处安全栏杆

5.1.4　钢筋混凝土楼梯构造

楼梯按所用材料的不同,可分为钢筋混凝土楼梯、木楼梯和钢楼梯等。其中,钢筋混凝土楼梯具有坚固耐久、防火性能好、刚度大和可塑性强等优点,在一般建筑中应用最为广泛。按施工方式的不同,钢筋混凝土楼梯又可分为现浇式和预制装配式两类。

1. 现浇钢筋混凝土楼梯构造

现浇式钢筋混凝土楼梯因其刚度大、整体性好、抗震性能强等特点,而多被用于抗震要求高、楼梯形式和尺寸变化多的建筑,但具有施工速度慢、模板耗用量大的缺点。现浇式钢筋混凝土楼梯按结构形式可分为板式楼梯和梁式楼梯。

1) 板式楼梯

板式楼梯的梯段相当于一块斜放的现浇板,平台梁是支座,如图 5-11(a)所示。其荷载传力路线如下:荷载→梯段板→平台梁→墙体(柱)基础。

板式楼梯的受力简单,底面平整,易于支模和施工。由于梯段板的厚度与梯段跨度成正比,跨度较大的梯段会使梯段厚度加大而不经济,因此,板式楼梯常用于楼梯荷载较小、梯段水平投影长度不大(<3600mm)的建筑中。

有时为了保证平台过道处的净空高度,可以在板式楼梯的局部取消平台梁,形成折板楼梯,如图 5-11(b)所示,此时梯段板的跨度为梯段水平投影长度与平台深度之和。

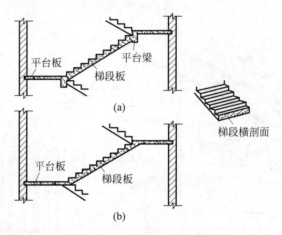

图 5-11　现浇板式楼梯示意图

2) 梁式楼梯

梁式楼梯的踏步板两侧设有斜梁,平台梁是斜梁搭的支座,如图 5-12 所示。其荷载传力路线如下:荷载→踏步板→斜梁→平台梁→墙体(柱)基础。这种楼梯的梯段板厚度较板式楼梯小,受力合理且经济,可用于各种长度梯段板的楼梯。但模板比较复杂,当斜梁截面尺寸较大时,外形显得笨重。

梁式楼梯也可在梯段的一侧布置斜梁,踏步一端搁置在斜梁上,另一端直接搁置在承重墙上;有时梁式楼梯的斜梁设置在梯段的中部,形成踏步板两侧悬挑的状态,如图 5-12(a)所示。梁式楼梯的受力较复杂,支模施工难度大,但可节约材料、减轻自重,梁式楼梯多用于梯段跨度较大的楼梯。根据斜梁与踏步的关系,又分为明步和暗步两种形式。明步是踏步外露,如图 5-12(b)所示;暗步是踏步被斜梁包在里面,如图 5-12(c)所示。

2. 预制钢筋混凝土楼梯构造

预制装配式钢筋混凝土楼梯是预制钢筋混凝土踏步板直接搁置在

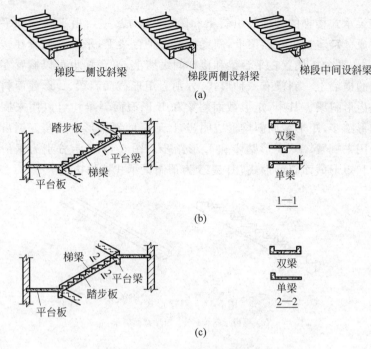

图 5-12 现浇梁式楼梯示意图

(a) 斜梁设置；(b) 明步楼梯；(c) 暗步楼梯

墙上的一种楼梯形式,因其现场湿作业少,施工速度较快,而得以广泛应用。其中,根据构件尺度的不同,可分为小型构件预制装配式和大、中型构件预制装配式。

1) 小型构件预制装配式

小型构件装配式楼梯拥有构件体积小、易于制作、便于运输和安装等特点,但也具有施工流程复杂、进度慢、结构刚度差等缺点。一般预制踏步和支承结构、平台板等是分开制作的。

钢筋混凝土预制踏步的断面形式有三种,分别为"一"字形、L 形和三角形。一字型踏步制作方便,踏步高度可调,布置灵活,拼装后踢面镂空,必要时可用砖填充,具体如图 5-13(a)所示；L 形踏步为平板带肋形式,肋做踢面,自重较轻,底面和"一"字形踏步一样不平整,具体如图 5-13(b)、(c)所示；三角形踏步的最大优点是拼装后底面平整,为了减轻自重,可在构件内抽孔,形成空心构件,具体如图 5-13(d)所示。

按预制踏步的支承方式不同,小型构件装配式楼梯可分为梁承式、墙承式、悬臂式三种。

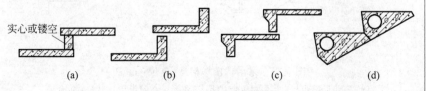

图 5-13 预制踏步形式

(a) "一"字形踏步；(b) L 形踏步一；(c) L 形踏步二；(d) 三角形踏步

梁承式楼梯的楼梯段由斜梁和踏步板构成，平台由平台梁和平台板构成。踏步搁置在斜梁上，斜梁搁置在平台梁上，平台梁搁置在楼梯间墙上，平台板搁置在平台梁和楼梯间纵墙上，平台板也可以搁置在楼梯间的横墙上。斜梁有三种形式，分别为矩形截面斜梁、L形截面斜梁和锯齿形斜梁。其中，矩形截面斜梁和L形截面斜梁均可以用来搁置三角形踏步，矩形截面斜梁形成明步，L形截面斜梁形成暗步。锯齿形斜梁用来搁置"一"字形踏步和L形踏步。图5-14所示分别为锯齿形斜梁和矩形截面斜梁形式，图5-15为预制梁承式楼梯构造。

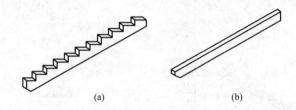

图 5-14 斜梁形式

（a）锯齿形斜梁；（b）矩形截面斜梁

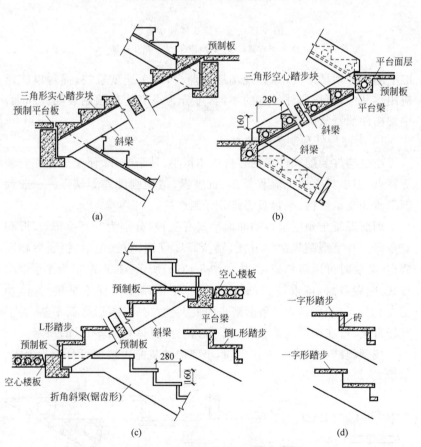

图 5-15 梁承式楼梯构造（单位：mm）

（a）三角形踏步与矩形斜梁组合；（b）三角形空心踏步与L形斜梁组合；

（c）正、反L形踏步与锯齿形斜梁组合；（d）"一"字形踏步与锯齿形斜梁组合

安装预制踏步时,踏步之间及踏步与斜梁之间应用水泥砂浆座浆。L形踏步和"一"字形踏步应预留孔洞,与锯齿形斜梁上预埋的插铁套装,孔内用水泥砂浆填实,如图 5-16 所示。

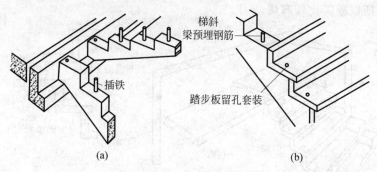

图 5-16 踏步板的安装

(a) 预埋插铁;(b) L 形踏步套装

墙承式钢筋混凝土楼梯是将预制钢筋混凝土踏步板直接搁置在墙上的一种楼梯形式。一般踏步板采用"一"字形和 L 形踏步。墙承式钢筋混凝土楼梯因为其踏步简支在墙上,因此不需设平台梁和梯斜梁,也不必设栏杆,需要时仅设靠墙扶手便可,所以墙承式钢筋混凝土楼梯具有节约钢材和混凝土的优点。但由于每块踏步板直接安装在墙上,对墙体砌筑和施工速度影响较大。这种楼梯由于梯段间有墙,容易阻挡行人视线而造成上下行人相撞,并且,这道墙还会使人感到空间闭塞,且不便于搬运家具。为了避免上、下行人相撞,通常在中间墙上开设观察口,使墙两侧上、下的人能够互相看见而避免相撞。如图 5-17 所示为墙承式楼梯示意图。

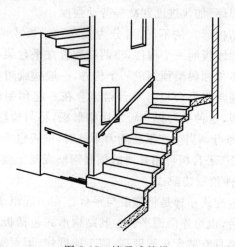

图 5-17 墙承式楼梯

预制钢筋混凝土踏步板一端嵌固于楼梯间侧墙上,另一端为凌空悬挑的楼梯形式便是悬臂式钢筋混凝土楼梯,其踏步板的截面一般采用 L 形,伸入墙内部分的截面为矩形,如图 5-18 所示。由于悬臂式钢

知识扩展:

本章依据《全国民用建筑工程设计技术措施——规划·建筑·景观》编写:

8.2.5 楼梯设计时,一般应绘制由下至上不同层高的各层楼梯及楼梯间的平面与剖面图,注明楼梯踏步的宽度、高度和每一梯段踏步数,标注楼层休息平台处的标高,以及绘制扶手、栏杆(板)、踏步饰面等构造详图。

8.2.6 楼梯间窗台高度,当低于 0.80m(住宅低于 0.90m)时,应采取防护措施,且应保证楼梯间的窗扇开启后不减小休息平台的通行宽度或磕碰行人。

8.2.7 通向楼梯间的门应向疏散方向开启,且不应阻挡疏散通道。当楼梯正面门扇开足时,休息平台的净宽宜不小于 0.6m;侧墙开门时,门洞边距踏步边净宽不宜小于 0.4m 或住宅建筑不宜小于一个踏步的宽度,且门扇的开启不应阻挡疏散人流的通行。

筋混凝土楼梯无平台梁和梯斜梁,也无中间墙,所以楼梯间空间轻巧空透,结构占用空间少。但也造成楼梯间整体刚度差,不能用于有抗震设防要求的地区。同时,由于其需随墙体砌筑安装踏步板,并需设临时支撑,所以施工比较麻烦。

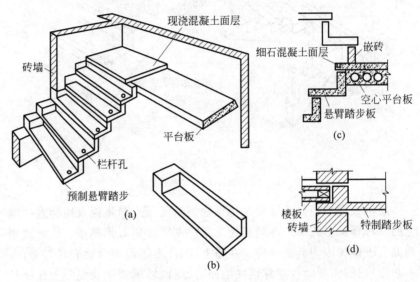

图 5-18 悬臂式楼梯

(a) 悬臂式楼梯示意图;(b) 踏步构件;

(c) 平台转换处剖面;(d) 搁置楼板时特制踏步板

2）中型构件预制装配式

中型构件预制装配式楼梯通过楼梯段和楼梯平台两部分构件装配而成。使用中型构件可以减少预制构件的品种和数量,采用机械吊装,能够简化施工程序、加快进度和减轻劳动强度。

楼梯段按结构形式的不同,可分为板式和梁板式两种。板式是将踏步板预制成梯段板的一个构件,将两端搁置在平台梁挑出的翼缘上;梁板式是将踏步板和斜梁预制成一个构件,一般做成暗步。

楼梯平台通常将平台板与平台梁组合在一起预制成一个构件,形成带梁的平台板,这种平台板一般采用槽形板,将与梯段连接一侧的板肋做成 L 形梁即可。当生产吊装能力不够时,梁板也可分开预制,平台梁采用 L 形断面,平台板可用普通的预制钢筋混凝土楼板。

3）大型构件预制装配式

大型构件装配式楼梯是将梯段与平台连在一起组成一个构件。梯段可连一面平台,也可连两面平台。其结构形式包括板式、双梁式和单梁式。这种楼梯具有装配化程度高,施工速度快,但对运输和吊装有一定要求等特点,大型构件预制装配式楼梯的吊装如图 5-19 所示,实例如图 5-20 所示。

图 5-19　大型构件预制装配式楼梯的吊装

图 5-20　大型构件预制装配式楼梯实例

5-3　踏步和防滑条

5.1.5　楼梯的细部构造

1. 踏步与防滑构造

踏步面层装修的做法与楼地面面层基本相同,常用的有水泥砂浆抹面、水磨石面层、天然石材面层、防滑地砖面层、地毯面层等。并且应便于行走和清扫,耐磨且光滑。

踏步表面虽要求光滑,但要注意出现滑倒的危险,特别是人流量大的楼梯,必须具有防滑构造,一般是在踏步前缘设置防滑条。图 5-21 所示为踏步面层构造与防滑处理。

2. 栏杆的构造

扶手和栏杆作为上、下楼梯的防护措施,应在楼梯和平台的单侧或双侧设置,以便帮助行人克服高差、便于人流行进以及防止坠落,同时其在建筑中也起到了极强的装饰作用。对于材料的选择,应具有一定的强度来抵抗水平推力。

楼梯栏杆一般由立杆、横杆或栏板组成。立杆通常垂直于楼梯踏面主要起到支承作用。栏板可由混凝土、砌体制成,也可用安全玻璃、

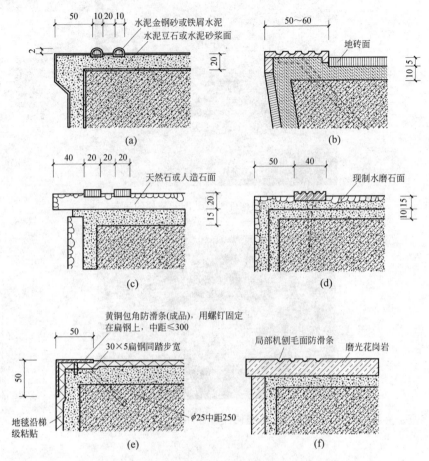

图 5-21　踏步面曾构造与防滑处理（单位：mm）

(a) 金刚砂防滑条；(b) 铸铁防滑条；(c) 陶瓷锦砖防滑条；

(d) 有色金属防滑条；(e) 黄铜包角防滑条；(f) 防滑槽

钢丝网等固定在立杆上作为栏板使用。

　1）栏杆的形式和材料

　　栏杆的形式包括空花式、栏板式和混合式，需根据材料、经济、装修标准和使用对象的不同进行合理的选择和设计。

　　空花式楼梯栏杆一般用于室内楼梯，以栏杆竖杆作为主要受力构件，通常采用钢材制作，也可采用木材、铝合金型材、铜材和不锈钢材等制作。这种类型的栏杆有质量轻、空透轻巧的特点，是楼梯栏杆的主要形式。如图 5-22 所示为空花栏杆示例。栏杆多采用方钢、圆钢、钢管或扁钢等材料，并可焊接或铆接成各种图案，既有防护作用，又起装饰作用。方钢截面的边长与圆钢的直接一般为 15～25mm，扁钢截面不大于 6mm×40mm。栏杆钢花格的间隙对居住建筑或儿童使用的楼梯均不宜超过 110mm，在儿童使用的建筑楼梯中，为防止儿童攀爬，不宜设水平横杆栏杆。此外，还有铝合金、木材制作的栏杆。

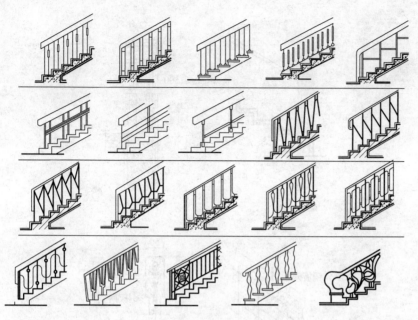

图 5-22 空花栏杆

栏板式楼梯栏杆取消了杆件,免去了空花栏杆的不安全因素,过去通常采用砖、钢丝网水泥抹灰、钢筋混凝土等作为材料,具有节约钢材,无锈蚀问题等特点,但要注意板式构件应能承受侧向推力。图 5-23 所示为栏板式示例,多用于室外楼梯或受到材料经济限制时的室内楼梯。砖砌栏板因其厚度太大会影响梯段有效宽度,并增加自重,故通常采用高标号水泥砂浆砌筑 1/2 或 1/4 标准砖栏板。应在砌体中加设拉结筋,并在栏板顶部现浇钢筋混凝土通长扶手来加强其抗侧向冲击的能力。如图中 5-24(a)所示,砖砌栏板表面需根据装修标准做面层处理。钢丝网(或钢板网)水泥抹灰栏板以钢筋为骨架,然后将钢丝网或钢板网绑扎,用高标号水泥砂浆双面抹灰。但同时需注意钢筋骨架与梯段构件的可靠连接,具体如图 5-24(b)所示。钢筋混凝土栏板的厚度以及造价和自重较大,但与钢丝网水泥栏板类似,多采用现浇处理,且比前者牢固、安全、耐久。

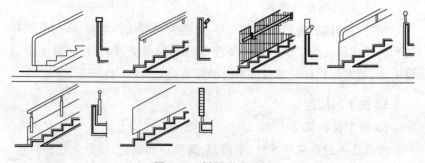

图 5-23 栏板形式示例

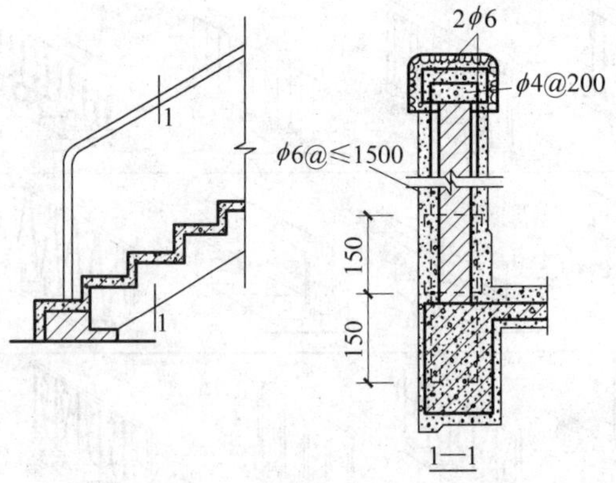

(a)

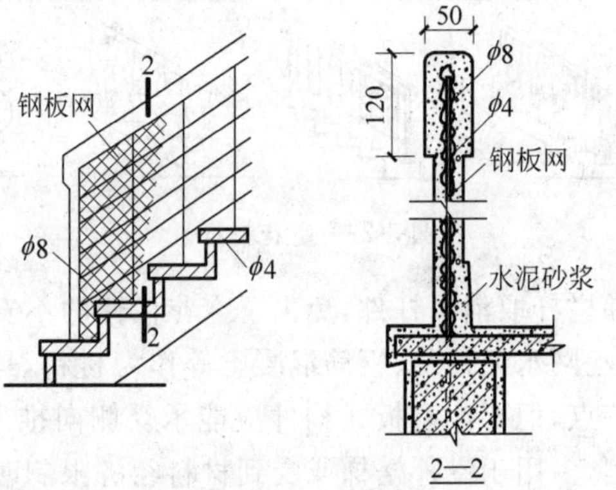

(b)

图 5-24 栏板(单位: mm)

(a) 1/4 砖砌栏板; (b) 钢板网水泥栏板

知识扩展:

本章依据《民用建筑设计通则》(GB 50352—2005)编写:

6.6.3 阳台、外廊、室内回廊、内天井、上人屋面及室外楼梯等临空处应设置防护栏杆,并应符合下列规定:

1 栏杆应以坚固、耐久的材料制作,并能承受荷载规范规定的水平荷载。

2 临空高度在24m以下时,栏杆高度不应低于1.05m,临空高度在24m及24m以上(包括中高层住宅)时,栏杆高度不应低于1.10m。

注:栏杆高度应从楼地面或屋面至栏杆扶手顶面垂直高度计算,如底部有宽度大于或等于0.22m,且高度低于或等于0.45m的可踏部位,应从可踏部位顶面起计算。

混合式楼梯栏杆便是空花式和栏板式相结合的栏杆形式。其中,竖杆是主要抗侧力构件,栏板则是防护和美观装饰构件。在材料的选择上,栏杆竖杆常采用钢材或不锈钢等材料;而栏板部分则常采用轻质美观的材料,如塑料贴面板、木板,铝板、有机玻璃板和钢化玻璃板等。图 5-25 所示为几种常见做法。

2) 栏杆与踏步的连接

栏杆与梯段的连接方式有三种,分别为预埋铁件焊接、预留孔洞插接和螺栓连接。为了保护栏杆免受锈蚀和增强美观,常在竖杆下部装设套环,覆盖住栏杆与梯段或平台的接头处,如图 5-26 所示。

3. 扶手的构造

1) 扶手材料及尺寸

楼梯扶手通常采用木材、塑料、金属管材如钢管、铝合金管等制作。其中,木扶手和塑料扶手手感舒适,断面形式多样,使用最为广泛。木

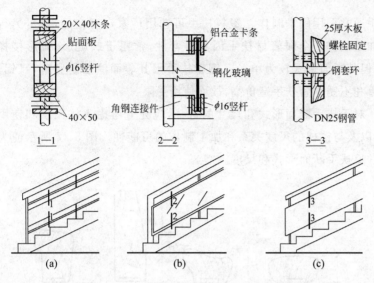

图 5-25 混合式栏杆(单位:mm)

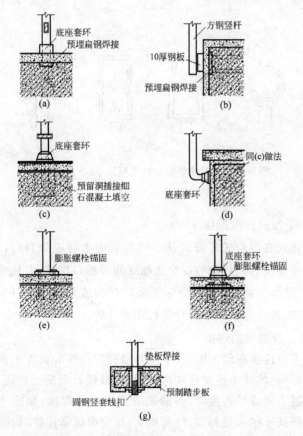

图 5-26 栏杆与梯段、平台连接

(a) 预埋铁件焊接-1;(b) 预埋铁件焊接-2;(c) 预留孔洞插接-1;
(d) 预留孔洞插接-2;(e) 螺栓连接-1;(f) 螺栓连接-2;(g) 螺栓连接-3

知识扩展:

本章依据《民用建筑设计通则》(GB 50352—2005)编写:

3 栏杆离楼面或屋面 0.10m 高度内不宜留空。

4 住宅、托儿所、幼儿园、中小学及少年儿童专用活动场所的栏杆必须采用防止少年儿童攀登的构造,当采用垂直杆件做栏杆时,其杆件净距不应大于 0.11m。

5 文化娱乐建筑、商业服务建筑、体育建筑、园林景观建筑等允许少年儿童进入活动的场所,当采用垂直杆件做栏杆时,其杆件净距也不应大于 0.11m。

扶手通常采用硬木制作。塑料扶手可选用厂家定型产品，也可另行设计加工制作。金属管材扶手因其可弯性，常用于螺旋形、弧形楼梯扶手，但其断面形式较为单一。钢管扶手因其表面涂层易脱落，且铝管、铜管和不锈钢管扶手造价高，故而使用受限。

对于扶手断面形式和尺寸的选择，应充分考虑人体尺度和使用要求，以及与楼梯的尺度关系和加工制作的可能性。图 5-27 所示便为几种常见扶手断面形式和尺度。

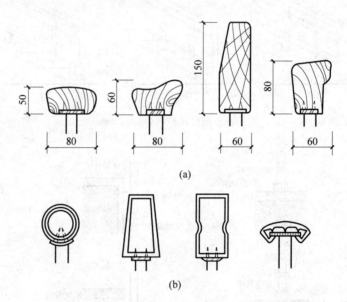

图 5-27　常见扶手断面形式和尺寸(单位：mm)

(a) 木扶手；(b) 塑料扶手

2）扶手与栏杆的连接

当空花式和混合式栏杆的扶手材料采用木材或塑料时，一般应在栏杆竖杆顶部设通长扁钢与扶手底面或侧面槽口榫接，并用螺钉固定，如图 5-28 所示。金属管材扶手一般采用焊接或铆接与栏杆竖杆连接，其中，焊接时需注意扶手与栏杆竖杆用材一致。

3）扶手与墙面的连接

当扶手直接装在墙上时，扶手应与墙面保持 50mm 左右的净距，并应在墙上留洞，将扶手连接杆件伸入洞内，以细石混凝土嵌固。当扶手与钢筋混凝土墙或柱连接时，一般采取预埋钢板焊接，如图 5-29(a) 所示。在栏杆扶手结束处与墙、柱面相交，也应有可靠连接，如图 5-29(b) 所示。图 5-30 所示为栏杆、栏板及扶手实例。

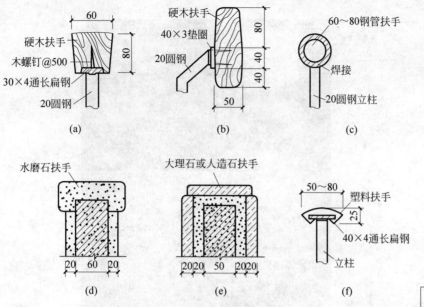

图 5-28 栏杆与扶手的连接构造(单位：mm)

(a) 硬木扶手-1；(b) 硬木扶手-2；(c) 钢管扶手；(d) 水磨石扶手；
(e) 天然或人造石材扶手；(f) 塑料扶手

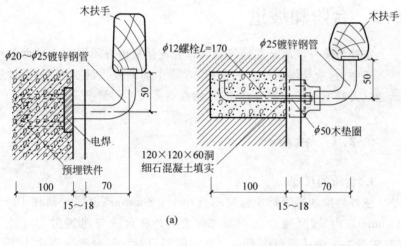

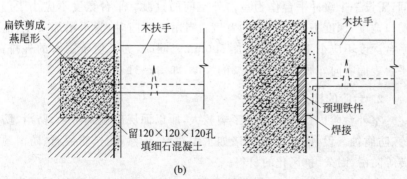

图 5-29 扶手与墙面连接(单位：mm)

(a) 中间各层扶手与墙柱的连接；(b) 顶层扶手与墙柱的连接

知识扩展：

本章依据《全国民用建筑工程设计技术措施——规划·建筑·景观》编写：

(1) 敞开楼梯间是指楼梯四周有一面敞开，其余三面为具有相应燃烧性能和耐火极限的实体墙，火灾发生时，它不能阻止烟、火进入的楼梯间。在符合规定的层数和其他条件下，可以作为垂直疏散通道，并计入疏散总宽度。

(2) 封闭楼梯间是指楼梯四周用具有相应燃烧性能和耐火极限的建筑构配件分隔，发生火灾时，能防止烟、火进入，能保证人员安全疏散的楼梯间。通往封闭楼梯间的门为双向弹簧门或乙级防火门。

(3) 防烟楼梯间是指在楼梯间入口处设有防烟前室或设有开敞式的阳台、凹廊等，能保证人员安全疏散，且通向前室和楼梯间的门均为乙级防火门的楼梯间。

图 5-30　栏杆、栏板及扶手实例

5.2　台阶和坡道

　　室外台阶与坡道是在建筑物入口处连接室内外不同标高地面的构件。其中,台阶是供人行走的阶梯,常设于高差较大的情况下,而坡道则是供人行或车行的斜坡式通道,常在高差较小的情况下构建。

5.2.1　台阶

1. 台阶的尺度

　　室外台阶的每级踏步宽度不宜小于300mm,高度应控制在100～150mm以内,坡度通常在15°～20°之间。在台阶与建筑出入口处之间,需设一个缓冲平台作为室内外空间的过渡。平台宽度不应小于门洞口宽度,深度不小于门扇的宽度;当用弹簧门时,为了增加安全性,平台深度不应小于门扇宽度加500mm。同时,为了便于雨水的外排,平台表面需向外倾斜1‰～3‰的坡度,如图5-31所示。

2. 台阶的构造

　　室外台阶因受外界环境影响较大,所以面层应做到防水、防滑、防冻、防腐蚀。设计时,应选用诸如水泥石屑、天然石材、斩假石、防滑地砖等防滑、耐久、抗风化的材料。

　　台阶的垫层做法与地面做法类似。一般只需挖去腐殖土,采用素土夯实后,按台阶的形状做C10混凝土垫层或砖、石垫层即可,如图5-32所

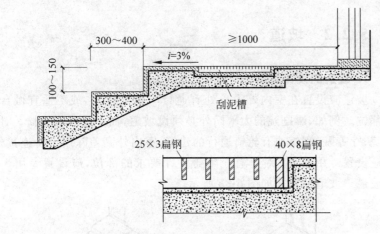

图 5-31 台阶的尺度(单位:mm)

示。因严寒地区的室外台阶容易出现冻胀破坏,可将台阶的垫层换作含水率低的砂石垫层。

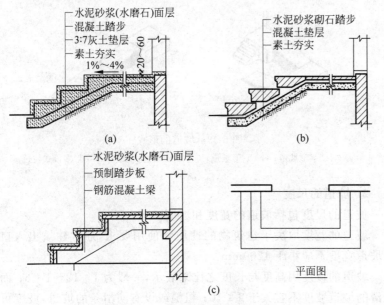

图 5-32 台阶的类型与构造

(a)混凝土台阶;(b)石台阶;(c)钢筋混凝土架空台阶

3. 台阶的设计要求

在设计台阶时应注意以下两点:

(1)室外台阶的连续踏步数不应少于 2 级,当高差不足 2 级时,应按坡道设置;

(2)在人流密集的场所,当台阶的高度超过 0.70m 且侧面凌空时,需设置防护栏杆或挡墙等安全防护设施。

知识扩展:

本章依据《全国民用建筑工程设计技术措施——规划·建筑·景观》编写:

8.4.2 坡道设计应符合下列要求:

1 室内坡道坡度不宜大于 1:8,室外坡道坡度不宜大于 1:10。

2 室内坡道水平投影长度超过 15m 时,应设休息平台,平台宽度应根据使用功能或设备尺寸所需缓冲空间而定。

3 供轮椅使用的坡道不应大于 1:12,困难地段不应大于 1:8,具体要求见本措施第二部分第 14 章相关内容。

4 供自行车推行使用的坡道,宜辅以供人行走的踏步。供人行走的踏步数应不超过 18 级,每段坡长不宜超过 6.8m,踏步段的宽度单向不宜小于 0.50m,双向不宜小于 1.00m;供自行车推行坡道宽度由设计确定,坡度不宜超过 1:4,坡道宽度不宜小于 0.40m(推一辆自行车的宽度)。

5.2.2　坡道

1. 坡道的设置部位

坡道应设置在室内外入口处有通行车辆的建筑，或不适宜做台阶的部位。例如，影剧院的太平门外必须设坡道，而不允许做台阶；对于医院、疗养院、宾馆或有轮椅通行的建筑，室内外高差除用台阶连接外，还应设置专用坡道；对于有无障碍设计要求的部位，应设置专用无障碍坡道。坡道的形式如图 5-33 所示。

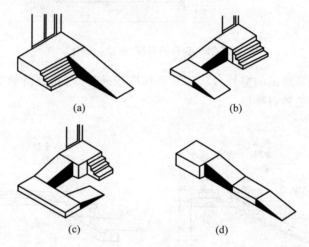

图 5-33　坡道的形式

(a) "一"字形坡道；(b) L 形坡道；(c) U 形坡道；(d) "一"字形多段式坡道

2. 坡道的尺度

坡道的尺度包括坡道的宽度和坡度。

坡道的宽度取决于建筑物的性质和使用要求，通常建筑出入口处的坡道宽度不应小于 1200mm。

坡道的坡度用高度与长度之比来表示，一般为 1∶12～1∶6；面层光滑的坡道坡度不宜大于 1∶10；粗糙或设有防滑条的坡道，坡度可稍大，但也不宜大于 1∶6；残疾人通行的坡道，其坡度不大于 1∶12。每段坡道的坡度、坡段高度和水平投影长度最大允许值见表 5-3。当室内坡道水平投影长度超过 15m 时，宜设休息平台，平台宽度应根据使用功能或设备尺寸所需的缓冲空间而定，如表 5-3 所示。

表 5-3　每段坡道的坡度、坡段高度和水平投影长度最大允许值　　mm

坡度	1/20	1/16	1/12	1/10	1/8	1/6
坡度最大高度	1500	1000	750	600	350	200
坡段水平长度	3000	16000	9000	6000	2800	1200

知识扩展：

本章依据《全国民用建筑工程设计技术措施——规划·建筑·景观》编写：

5　供机动车行驶的坡道应符合《汽车库建筑设计规范》(JGJ 100—2015) 的规定。汽车坡道具体要求见本措施第二部分第 3 章第 3 节。与之相关的国标图集有《汽车库(坡道式)建筑构造》(05J 927—1)、《机械式汽车库建筑构造》(08J 927—2)。

6　坡道应采取防滑措施。

8.4.4　建筑物地下坡道或台阶的起始端部应有挡水坡和截水沟，防止室外地面水流入；进入建筑物内地下坡道的底端部应设坡道宽度相等的通长的排水箅子，以排除可能进入的雨水。

3. 坡道的构造

坡道地面的构造与台阶相似,并且应平整、坚固、防滑,设计时,应选用耐久、耐磨、抗风化、抗冻性好的材料,如图 5-34 所示。对于有防滑要求较高或坡度较大的坡道,可设置防滑条线或锯齿等构造。

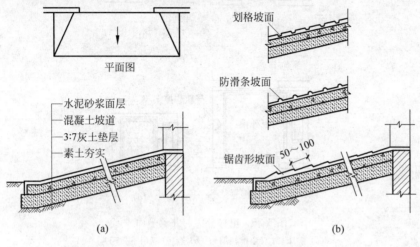

图 5-34　坡道构造(单位:mm)
(a)混凝土坡道;(b)混凝土防滑坡道

4. 坡道的设计要求

坡道两侧宜在 900mm 和 650mm 高度处设上、下层扶手,扶手应确保牢固、可靠且形状易于抓握。对于有无障碍设计要求的坡道起点和终点处的扶手,应向水平方向延伸 300mm 以上。坡道侧面凌空时,栏杆下端宜设高度不小于 50mm 的安全挡台。

5.3　电梯和自动扶梯

电梯和自动扶梯是建筑物中用电力带动运行的垂直交通工具,在多层、高层建筑中应用广泛,具有快速、方便、省时、省力的特点。

5.3.1　电梯

1. 电梯的类型

1)按使用性质分

按使用性质的不同,电梯可分为客梯、货梯、消防电梯以及医院专用的病床电梯等,如图 5-35 所示。

2)按电梯行驶速度分

电梯的行驶速度与轿厢容量以及建筑的层数和规模有关,通常可分为高、中、低速三类。

知识扩展:

本章依据《民用建筑设计通则》(GB 50352—2005)编写:

6.8.1 电梯设置应符合下列规定:

1 电梯不得计作安全出口;

2 以电梯为主要垂直交通的高层公共建筑和 12 层及 12 层以上的高层住宅,每栋楼设置电梯的台数不应少于 2 台;

3 建筑物每个服务区单侧排列的电梯不宜超过 4 台,双侧排列的电梯不宜超过 2×4 台;电梯不应在转角处贴邻布置;

4 略;

5 电梯井道和机房不宜与有安静要求的用房贴邻布置,否则应采取隔振、隔声措施;

6 机房应为专用的房间,其围护结构应保温隔热,室内应有良好通风、防尘,宜有自然采光,不得将机房顶板作水箱底板及在机房内直接穿越水管或蒸汽管;

7 消防电梯的布置应符合防火规范的有关规定。

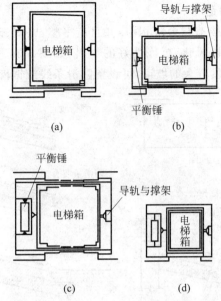

图 5-35 电梯分类与井道平面

(a) 病床梯 (双扇推拉门)；(b) 客梯 (双扇推拉门)；

(c) 货梯 (中分双扇推拉门)；(d) 小型杂物梯

高速电梯运行速度大于 2.0m/s，梯速随层数增加而提高。

中速电梯运行速度为 1.5～2.0m/s，多为货梯。

低速电梯运行速度小于 1.5m/s，多为运送杂物的电梯。

3）其他类型

随着社会的进步、人类需求的不断增加，目前出现了很多具有特殊功能的电梯，如无障碍电梯、无机房电梯、景观电梯、液压电梯等。

2. 电梯的组成

电梯由三大部分组成，分别为轿厢，电梯井道及控制设备系统。电梯井道内部透视图如图 5-36 所示。其中，电梯的机械控制设备系统由平衡锤、垂直导轨、提升机械、升降控制系统、安全系统等部件组成。

3. 电梯的设计要求有关细部构造

1）电梯轿厢

电梯轿厢是直接载人或载物的部件，多为金属框架结构，内部装修要求美观、耐用、易于清洁，常用的内饰材料为不锈钢板、穿孔铝板壁面以及花格钢板地面。

2）电梯井道（井道的防火通风）

电梯井道是电梯运行的垂直通道，常采用钢筋混凝土整体现浇而成。而不同性质的电梯，其井道也应根据需要有各种尺寸。因此，设计时，应综合地考虑井道的尺寸、防火、通风以及隔声等要求。

电梯的性质不同，井道的形状和尺寸也不尽相同，如图 5-36 所示。

知识扩展：

本章依据《全国民用建筑工程设计技术措施——规划·建筑·景观》编写：

9.1 一般规定

9.1.3 电梯的设置及要求（以下均为最低要求，设计时可根据工程具体情况提高标准）

1 住宅七层及以上（含底层为商店或架空层）或最高住户入口层楼面距室外地面高度超过 16m；不设电梯的住宅宜预留电梯井道，以便有条件时安装。

2 五层及以上的办公建筑。

3 三层及以上的医院建筑。

4 四层及以上的图书馆建筑、档案馆建筑、疗养院建筑和大型商店。

5 三层及以上的老年人居住建筑。

6 七层及以上的宿舍或居室最高入口层楼面距室外设计地面高度超过 21m。

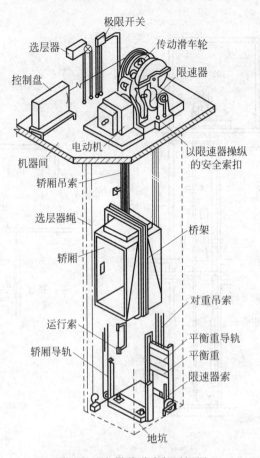

图 5-36　电梯井道内部透视图

其中,平面净空尺寸需根据所选用的电梯型号要求来决定,一般为
(1800~2500)mm×(2100~2600)mm。观光电梯的井道尺寸还要注意
与建筑外观和谐统一,并注意美观。

电梯井道在顶层停靠层必须有 4.5m 以上的高度,以保证电梯轿
厢在井道中运行时可以满足吊缆装置上、下空间和检修的需要;在底
层以下,也需要留有不小于 1.4m 深的地坑供电梯缓冲,若地坑深度达
到 2.5m,则应设置检修爬梯和必要的检修照明电源。

电梯在启动和停靠时会产生较大噪声,因此应采用适当的减振隔
声措施。通常可在机房机座下设弹性隔振垫,如图 5-37 所示。当电梯
运行速度超过 1.5m/s 时,在设弹性垫层的基础上,还需在机房与井道
之间设隔声层,高度在 1500~1800mm。对于住宅建筑内的电梯井道,
其外侧应避免布置卧室,否则应注意加强隔声措施。

电梯的井道在多层和高层建筑中竖向贯穿各层,因此在火灾中容
易形成烟囱效应,导致火焰和烟气蔓延,所以井道是防火的重点部位。
因此,井道围护构件的设计应根据防火规范进行,常多采用砖墙或钢筋
混凝土墙。若高层建筑的井道内超过 2 部电梯,应用墙隔开。

知识扩展:

本章依据《全国民用
建筑工程设计技术措
施——规划·建筑·景
观》编写:

7　一、二级旅馆建
筑三层及以上、三级旅馆
四层及以上、四级旅馆六
层及以上、五六级旅馆七
层及以上。

8　三层及以上的一
级餐馆与饮食店和四层
及以上的其他各级餐馆
与饮食店。

9　高层建筑应设置
电梯。

10　仓库可按使用
要求、规模和层数设置载
货电梯。

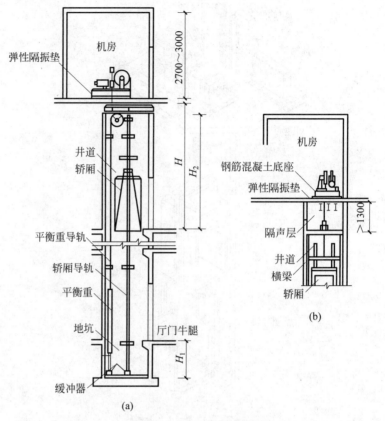

图 5-37　电梯机房隔振、隔声处理（单位：mm）

(a) 无隔声层；(b) 有隔声层

电梯井道的顶部和地坑应有不小于 300mm×600mm 的通风孔，且其上部可以和排烟孔（井道面积的 3.5%）结合，以利于通风，且一旦发生火灾时，能迅速排出烟和热气。层数较多的建筑，中间也可酌情增加通风孔。

3）电梯机房

电梯机房一般设在电梯井道的顶部。当机房高出屋面有困难时，也可将机房设在底层或中间层，称为下机房。机房的平面尺寸取决于机械设备尺寸的安排、管理及维修的要求，一般至少有两个面每边需扩出 600mm 以上宽度，如图 5-38 所示，高度多为 2.5～3.5m。

机房围护构件的防火要求与井道一样。机房的楼板应按机器设备要求的部位预留孔洞以便于安装与修理，具体如图 5-38 所示。

5.3.2　自动扶梯

自动扶梯也称为滚梯，连续运输效率高，适用于有大量人流上、下的建筑物，如火车站、客运站、地铁站、大型商场及展览馆等。一般自动

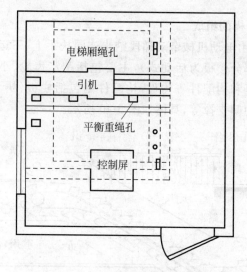

图 5-38 机房平面预留示意图

扶梯正逆方向均可运行。当机器停止运转时，也可作为临时性的普通楼梯使用。它的平面布置分单台和多台设置，且包括平行排列、交叉排列、连贯排列、集中交叉等布置方式，具体如图 5-39 所示。

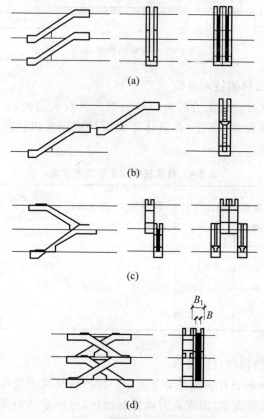

图 5-39 自动扶梯的几种布置形式

(a)平行排列式；(b)连贯排列式；(c)交叉排列式；(d)集中交叉式

1. 自动扶梯的组成

自动扶梯由电动机械牵动梯段踏步连同扶手上、下运行,机房悬在楼板下面(此部分楼板为活动式),主要包括踏步齿轮、小轮、踏步牵引导轨、活动连杆和构配件等构件,构配件则包括栏板、扶手、桁架侧面、底面外包层、中间支撑等,具体如图 5-40 所示。

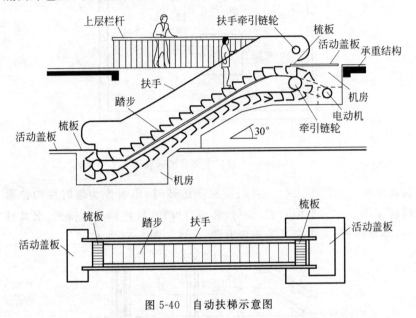

图 5-40　自动扶梯示意图

2. 自动扶梯的技术参数

自动扶梯按输送能力的大小分为单人及双人两种,自动扶梯的主要技术参数如表 5-4 所示,在具体工程设计中则应以供货厂家的土建技术条件为准。

表 5-4　自动扶梯的主要技术参数

梯形	梯段宽度/mm	提升高度/m	倾斜角/(°)	额定速度/(m/s)	理论运送能力/(人/h)	电源
单人梯	600、800	3～10	27.3、30.0、35.0	0.5、0.6	4500、6750	三相交流380V,50Hz,(3.7～15.0)kW
双人梯	1000、1200	3.0～8.5			9000	

3. 自动扶梯的设计要求

自动扶梯的设计应满足如下要求:自动扶梯应布置在合理的流线上;为保障乘客安全,出入口需设置畅通区,且畅通区的宽度不应小于2.5m,对于公共建筑如商场等常有密集人流穿过畅通区的场所,应增加人流通过的宽度;自动扶梯和自动人行道不得算作安全出口;自动扶梯扶手带顶面距自动扶梯前缘、自动人行道踏板面或胶带面的垂直高度不应小于 0.9m；扶手带外边至任何障碍物不应小于 0.5m，否则应采取措施，以防止障碍物造成人员伤害；两梯之间扶手带中心线的水平距离不宜小于 0.5m，否则应采取措施；自动扶梯的梯级、自动人行道的踏板或胶带上空，垂直净高不应小于 2.3m。

第 6 章

门 和 窗

6.1　概述

6.1.1　门和窗的作用

门和窗是房屋的重要组成部分。

门的主要功能是安全疏散、交通联系、分隔空间,有时兼起采光和通风的作用。窗的主要功能是满足建筑的采光和通风。门、窗均属于建筑的围护构件。同时,它们的形状、尺寸、比例、造型、排列等对建筑立面造型有很大影响。根据所在的位置不同,门、窗在建筑中分别起到保温、隔热、防火、防水等功能。

6.1.2　门和窗的尺寸

1. 门的尺寸

门的尺寸通常是指门洞的高、宽尺寸。确定门的尺寸时,应综合考虑以下几方面因素。

1) 符合门洞口尺寸系列

在确定门的尺寸时,应遵守国家标准《建筑门窗洞口尺寸系列》(GB/T 5824—2008)。门洞口宽和高的标志尺寸规定为 600mm、700mm、800mm、900mm、1000mm、1200mm、1400mm、1500mm、1800mm 等,其中部分宽度不符合 3M 规定,而应根据门的实际需要确定,具体如表 6-1 所示。一般房间门的洞口宽度最小为 900mm,厨房、厕所等辅助房间门洞的宽度最小为 700mm。门洞口高度除卫生间、厕所可为 1800mm 以外,均不应小于 2000mm。如门设有亮子,门洞高度一般为 2400~3000mm。公共建筑大门高度可视需要适当增加。门洞口高度大于 2400mm 时,应设上亮窗。门洞较窄时可开一扇,单扇门为700~1000mm;1200~1800mm 的门洞,应开双扇;大于 2000mm 时,则应开三扇或多扇。

表 6-1　住宅建筑门洞最小尺寸　　　　　　　　m

类　别	洞口宽度	洞口高度
公用外门	1.2	2.0
户(套)门	0.9	2.0
起居室(厅)门	0.9	2.0
卧室门	0.9	2.0
厨房门	0.8	2.0
卫生间门	0.7	2.0
阳台门(单扇)	0.7	2.0

注：

1. 表中门洞高度不包括门上亮子高度。
2. 洞口两侧地面有高、低差时，以高地面为起算高度。

2) 使用功能要求

门的尺寸应考虑人的通行要求以及家具、设备的搬运所需高度尺寸等要求，并符合现行《建筑模数协调统一标准》(GBJ 2—1986)的规定。

2. 窗的尺寸

1) 窗的尺度

窗的尺度主要取决于房间的采光通风、构造做法与建筑造型等要求，并要符合现行《建筑模数协调统一标准》(GBJ 2—1986)的规定。为保证窗的坚固耐久及安全，平开木窗窗扇高度为 800～1200mm，宽度不宜大于 500mm；推拉窗窗扇高宽均不宜大于 1500mm；上下悬窗扇高度为 300～600mm；中悬窗扇高不宜大于 1200mm，宽度不宜大于 1000mm。一般民用建筑用窗，各地均有通用图集，各类窗的宽、高尺寸通常以扩大模数 3M 数列作为洞口的标志尺寸。

2) 窗的大小影响因素

窗大小的影响因素主要包括采光、通风、朝向、立面设计、节能、建筑经济等。此外，应考虑房间的窗地比、建筑外墙的窗墙比来确定窗的大小。

窗地面积比指房间窗洞口面积之和与房间地面面积之比。

窗户大小与采光要求的影响因素是当地的日照情况、房间的使用要求和房间面积。

窗墙面积比是指洞口面积与房间立面单元面积(层高与开间定位轴线围成的面积)的比值。《民用建筑热工设计规范》(GB 50176—1993)中规定：居住建筑各朝向的窗墙面积比，北向不大于 0.2；东西向不大于 0.25；南向不大于 0.35。

按标准计算建筑窗墙面积比的取值会不精确，但很大程度上能明确此建筑是否节能。《公共建筑节能设计标准》(GB 50189—2005)、《夏热冬暖地区居住建筑节能设计标准》(JGJ 75—2003)和《夏热冬冷地区居住建筑节能设计标准》(JGJ 134—2001)规范中都有明确条文规定,有些为强制条文,需要时候可查阅。

如果是体型不规则的建筑,如整个建筑无垂直立面,主要由向各角度倾斜的各种表面组成,则原窗墙比必须加权计算。

3)窗台高度

住宅建筑窗台高 0.9m。窗台高低于 0.9m 时,应采取防护措施;公共建筑窗台高度为 1.0~1.8m;开向公共走道的窗扇,其底面高度不应低于 2.0m。

6-1　门的类型及组成构件

知识扩展:

本章依据《全国民用建筑工程设计技术措施——规划·建筑·景观》编写:

10.3.4　一般内门宜内开,但有爆燃可能或其他紧急疏散等要求者应外开。

10.3.5　弹簧门有单向、双向开启。宜采用地弹簧或油压闭门器等五金件,以使关闭平缓。双向弹簧门门扇应在可视高度部分装透明安全玻璃,以免进出时相互碰撞。

10.3.6　开向疏散走道及楼梯间的门扇开足时;不应影响走道及楼梯休息平台的疏散宽度。门的开启不应跨越变形缝。

10.3.7　相邻的两个经常使用的门,在开启时不得相互影响。

6.1.3　门和窗的分类

1. 按门、窗的开启方式分类

1)门按开启方式分类

门按开启方式可分为平开门、弹簧门、推拉门、卷帘门、折叠门、转门、升降门、上翻门等。

平开门是水平开启的门,它的铰链装于门扇的一侧与门框相连,使门扇围绕铰链轴转动。平开门的门扇有单扇、双扇以及向内开和向外开之分。平开门构造简单、开启灵活、加工制作简便、易于维修,是建筑中最常见、使用最广泛的门,如图 6-1(a)所示。

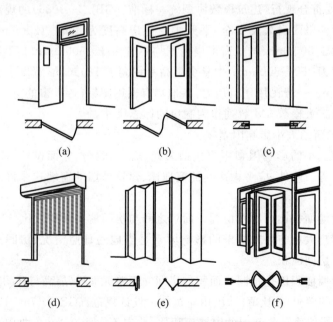

图 6-1　门的开启方式(AR 交互)

(a)平开门;(b)双面弹簧门;(c)安装双扇推拉门;(d)卷帘门;(e)折叠门;(f)转门

　　弹簧门的开启方式与普通平开门相同,不同之处是以弹簧铰链代替普通铰链,借助弹簧的力量使门扇能向内、向外开启,并可经常保持关闭。它使用方便、美观大方,广泛用于学校、医院和商业大厦等建筑,如图6-1(b)所示。

　　推拉门开启时,门扇沿轨道向左、右滑行。通常为单扇和双扇,也可做成双轨多扇或多轨多扇。开启时,门扇可隐藏于墙内,或悬于墙外。根据轨道的位置,推拉门可分为上挂式和下滑式。当门扇高度小于4m时,一般采用上挂式推拉门;当门扇高度大于4m时,一般采用下滑式推拉门。为使门保持在垂直状态下稳定运行,导轨必须平直,并有一定刚度,下滑式推拉门的上部应设导向装置,较重型的上挂式推拉门应在门的下部设导向装置,如图6-1(c)所示。

　　卷帘门是由很多金属页片连接而成的门。开启时,门洞上部的转轴将页片向上卷起。它的特点是开启时不占使用面积,但加工复杂、造价高,常用于不经常开关的商业建筑的大门,如图6-1(d)所示。

　　折叠门可分为侧挂式折叠门和推拉式折叠门两种。由多扇门构成,每扇门的宽度为500～1000mm,一般以600mm为宜,适用于宽度较大的洞口。侧挂式折叠门与普通平开门相似,只是门扇之间用铰链相连而成。当使用普通铰链时,一般只能挂两扇门,不适用于宽大洞口。如侧挂门扇超过两扇时,则需使用特制铰链。推拉式折叠门与推拉门构造相似,在门顶或门底装滑轮及导向装置,每扇门之间连以铰链,开启时门扇通过滑轮沿着导向装置移动,如图6-1(e)所示。折叠门开启时占空间少,但构造较复杂,一般在商业建筑或公共建筑中用于分隔空间。

　　转门是由两个固定的弧形门套和垂直旋转的门扇构成的。门扇可分为三扇或四扇,绕竖轴旋转,如图6-1(f)所示。转门对隔绝室外气流有一定作用,可作为寒冷地区公共建筑的外门,但不能作为疏散门。

　　升降门的特点是开启时门扇沿轨道上升,它不占使用面积,常用于空间较高的民用与工业建筑。

　　上翻门的特点是充分利用上部空间,门扇不占用面积,五金及安装要求高。它适用于不经常开关的门,如车库大门。

　　2) 窗按开启方式分类

　　窗按开启方式分为平开窗、固定窗、推拉窗、立转窗、悬窗等。

　　平开窗铰链安装在窗扇一侧与窗框相连,向外或向内水平开启,有单扇、双扇、多扇,以及向内开与向外开之分。平开窗构造简单、开启灵活,制作、安装、使用及维修方便,是民用建筑中应用最为广泛的开启方式,如图6-2(a)所示。

　　固定窗是指无窗扇、不能开启的窗,仅仅用于采光和眺望,无通风功能。固定窗的优点是构造简单、密闭性好,常与门亮子和开启窗配合使用,如图6-2(b)所示。

知识扩展:

　　本章依据《全国民用建筑工程设计技术措施——规划·建筑·景观》编写:

10.4 窗的开启方式及选用要点

10.4.1 窗的开启方式常见的有固定窗、平开窗、推拉窗、推拉下悬窗、内平开下悬窗、折叠平开窗、折叠推拉窗、外开上悬窗、立转窗、水平旋转窗等多种形式。

10.4.2 平开窗比推拉窗的气密性好。多层居住建筑(小于或等于6层)常采用外平开或推拉窗;高层建筑不应采用外平开窗。当采用推拉窗或外开窗时,应有加强牢固窗扇、防脱落的措施。

10.4.3 中、小学校等需儿童擦窗的外窗应采用内平开下悬式或内平开窗。注:此内平开窗宜采用长脚铰链等五金配件,使开启扇能180°开启,并使之紧贴窗面或与未开启窗重叠,不占据室内空间。

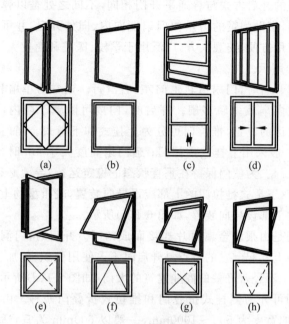

图 6-2　窗的开启方式

(a) 平开窗；(b) 固定窗；(c) 垂直推拉窗；(d) 水平推拉窗；
(e) 立转窗；(f) 上悬窗；(g) 中悬窗；(h) 下悬窗

知识扩展：

本章依据《全国民用建筑工程设计技术措施——规划·建筑·景观》编写：

10.4.4　内、外走廊墙上的间接采光窗，均应考虑窗扇开启时不致碰人及不影响疏散宽度。

10.4.5　住宅等建筑首层窗外不宜设置凸出墙面的护栏，宜在窗洞内设置方便从内开启的护栏或防盗卷帘(此时的首层窗不能采用外开窗，而应采用推拉或内开窗)。

10.4.6　窗及内门上的亮子宜能开启，以利室内通风。

10.4.7　平开窗的开启扇，其净宽不宜大于 0.6m，净高不宜大于 1.4m。推拉窗的开启扇，其净宽不宜大于 0.9m，净高不宜大于 1.5m。

推拉窗的特点是窗扇沿着水平或竖直方向以推拉的方式开启和关闭。垂直推拉窗要有滑轮及平衡措施，如图 6-2(c)所示；水平推拉窗需要在窗扇上下设轨槽，如图 6-2(d)所示。推拉窗开启时不占室内外空间，窗扇和玻璃的尺寸可以较大一些，但它不能全部开启，使通风效果受到影响，同时推拉窗密闭性能较平开窗差。铝合金窗和塑钢窗常选用推拉方式。

立转窗的窗扇围绕竖向转轴开闭，引导风进入室内的效果较好，多用于单层厂房的低侧窗。但立转窗的防雨性、密闭性较差，不宜用于寒冷和多风沙的地区，如图 6-2(e)所示。

悬窗的特点是窗扇围绕横向转轴开闭，按开闭时转动横轴位置的不同，可分为上悬窗、中悬窗和下悬窗。上悬窗铰链安装在窗扇上边，一般向外开，防雨效果好，多用作外门和窗上的亮子，如图 6-2(f)所示。中悬窗是在窗扇两边中部安装水平转轴，窗扇可绕水平轴旋转，开启时窗扇上部向内，下部向外，方便挡雨、通风，开启容易机械化，常用作大空间建筑的高侧窗，如图 6-2(g)所示。下悬窗铰链安装在窗扇的下边，一般向内开，通风较好，但不防雨，一般用作内门上的亮子，如图 6-2(h)所示。

2. 按门、窗的材料分类

按门、窗的材料分类，可分为木门窗、塑料门窗、铝合金门窗、钢门窗以及铝塑、塑钢等制作的复合材料门窗。

1）木门窗

木门窗在我国具有悠久的历史，其制作方便、易于加工，但原材料消耗量大，防火性能差，所以在使用时受到一定限制。由于我国森林资源紧张，开发替代材料是未来大量性建筑门窗应用的发展方向。

2）塑料门窗

塑料门窗是近几十年发展起来的新品种，其热工性能好，保温效果与木门窗接近，形式外观又和铝合金门窗相类似，美观精致。但塑料门窗目前还无法克服成本较高，强度、刚度以及耐久性较低的缺点。

3）铝合金门窗

铝合金门窗具有以下几个特点。

➤ 自重轻。铝合金门窗用料省、自重轻。

➤ 坚固耐用。铝合金门窗强度高、刚性好，开闭轻便灵活，因而坚固耐用。

➤ 性能好。铝合金门窗密封性好，气密性、水密性、隔声性、隔热性都较好。抗腐蚀性能好，不需要刷涂料，氧化层不褪色、不脱落，不需要维修。

➤ 精致美观。铝合金门窗既可保持铝材的银白色，又可经氧化着色处理后，制成各种柔和的颜色或带色的花纹，如暗红色、黑色等，色泽美观多样，造型新颖大方，表面光洁，有利于提高建筑立面和内部装修的表现力。

➤ 铝的导热系数大，保温性能差，在严寒地区热损耗高。同时，铝材产量有限，造价高，无法在大量性建筑中广泛采用。

4）钢门窗

钢门窗是用型钢或薄壁空腹型钢在工厂中制作而成。它断面小，透光率高，强度及刚度高，且符合工业化、定型化与标准化的要求，同时，其透光率、防火和密闭等方面亦优于木门窗。但钢门窗在潮湿环境下容易锈蚀，且导热系数大，在严寒地区易结露，因此在寒冷及潮湿环境中的应用受到一定限制。

5）复合材料门窗

复合材料门窗集中了不同材料性能之优点，扬长避短，具有广阔的发展前景。例如，以塑料做隔离层制成的塑铝门窗有效改善了铝合金门窗的保温隔热性能，相对塑料门窗，其钢度也有了显著的提高；又如现已广泛应用的塑钢门窗是以改性硬质聚氯乙烯（简称 UPVC）为主要原料，加入一定比例的稳定剂、着色剂、填充剂、紫外线吸收剂等辅助剂，并在其内腔衬以型钢加强筋，从而使它较全塑门窗刚度更高、自重更轻。

知识扩展：

本章依据《全国民用建筑工程设计技术措施——规划·建筑·景观》编写：

10.1 一般规定

10.1.1 按门窗框料的材质分，常见的有木、钢、彩色钢板、不锈钢、铝合金、塑料（含钢衬或铝衬）、玻璃钢以及复合材料（如铝木、塑木）等多种材质的门窗。

1 潮湿房间不宜使用木门及用胶合板或纤维板材料制作的木门、空腹钢门窗。

2 铝合金门窗具有质轻、不易变形、密封性较好、美观等特点，是目前常用的门窗之一，但不适用于强腐蚀环境。主型材截面主要受力部位基材最小实测壁厚：外门不应低于 2.0mm，外窗不应低于 1.4mm。铝合金门、窗框不得与水泥砂浆直接接触。

3 塑料门窗具有美观、密闭性强、保温性好、耐腐蚀等优点，也是目前常用的门窗之一。尤其适用于沿海地区、潮湿房间及寒冷和严寒地区。但其线性膨胀系数较大，在大洞口外窗中使用时，应采用分樘组合等措施，以防止变形。

4 有节能要求的门窗宜选用塑料、断热金属型材（铝、钢）或复合型材（铝塑、铝木、钢木）等框料的门窗。

6.2　门和窗的构造

门、窗以平开木门、窗使用最为广泛,下面以此为典型介绍门、窗的构造。

6.2.1　门和窗的组成

1. 平开木门的组成

平开木门一般由门框、门扇、亮子、五金零件及其附件组成,具体如图 6-3 所示。五金零件一般有铰链插销、门锁、拉手、门碰头等;附件有贴脸板、筒子板等。

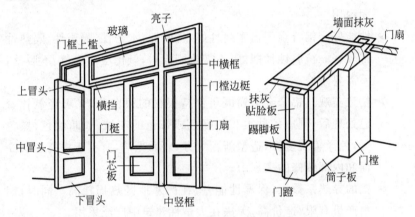

图 6-3　平开木门的组成

门框又称门樘是门扇、亮子与墙的联系构件,一般由两根竖直的边框和上框组成。当门带亮子时,应设中横框,多扇门则还需设中竖框。有时视需要可设下框、贴脸板等附件。

常用的木门门扇有镶板门、夹板门等。

亮子又称腰头窗,在门上方,为辅助采光和通风之用,有平开、固定及上、中、下悬几种。

2. 平开木窗的组成

木窗主要由窗框、窗扇、五金件及附件组成,如图 6-4 所示。五金件一般有铰链、风钩、插销等;附加件有贴脸板、筒子板、木压条等。

最常见的窗框由边框及上、下框组成。当窗的尺寸较大时,应增加中横框或中竖框;通常在垂直方向有两个以上窗扇时,应增加中横框;在水平方向有三个以上窗扇时,应增加中竖框。

常见的窗扇有纱窗扇、百页扇等。窗扇是由上、下冒头和边梃榫接而成的,有的还用窗芯(又称为窗棂)分格。

知识扩展:

本章依据《全国民用建筑工程设计技术措施——规划·建筑·景观》编写:

10.1.2　按门窗在建筑中的位置分为内门(窗)、外门(窗)。

10.1.3　按特殊功能分,常见的有防火门(窗)、隔声门(窗)、隔声通风门(窗)、避光通风门(窗)、通风防雨百叶门(窗)、防射线门(窗)、保温门(窗)、人防密闭门、人防防密门、防盗门(窗)等特种门窗。与之有关的国标图集《防火门窗》(12J609)、《特种门窗变压器室钢门窗、配变电所钢大门、防射线门窗、冷藏库门、保温门、隔声门》(04J610—1)。

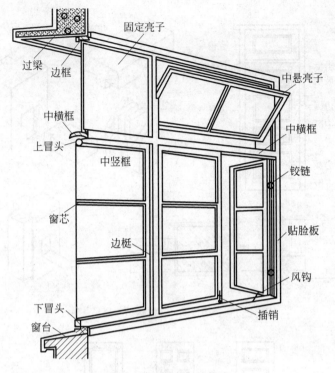

图 6-4 平开木窗的构成

6.2.2 门的构造

1. 平开门构造

1) 门框

门框一般由上框和边框组成,如果门上设有亮窗,则应设中横挡;当门扇较多时,需设中竖梃;有些外门及特种需要的门还设有下槛,可作防风、防尘、防水以及保温、隔声之用。

门框的断面形状与窗框基本相同,断面尺寸为 $(50\sim70)$ mm×$(100\sim150)$ mm(毛料尺寸)。门框与墙或混凝土接触的部分应满涂防腐油,为使抹灰与门框嵌牢,门框需铲灰口,如图 6-5 所示,抹灰必须嵌入灰口中。为了防止弯曲开裂,常于背年轮方向开 $1\sim2$ 道浅槽。

2) 门扇

门扇分为镶板门和夹板门。

(1)镶板门也叫框樘门,主要骨架由上、中、下梃和两边边梃组成框子,中间镶嵌门心板。由于门心板的尺寸限制和造型的需要,还需设几根中横挡或中竖梃,如图 6-6 所示。

门心板厚 $15\sim25$ mm,过去用木板拼接,常见的断面形式为中凸出,四边较薄,而且铲线角进行装饰。古典式门样中,对门心及压缝条线脚做了多种装饰性处理,比较常用。现在多使用人造板,但人造板容

知识扩展:

本章依据《民用建筑设计通则》(GB 50352—2005)编写:

6.10.1 门窗产品应符合下列要求:

1 门窗的材料、尺寸、功能和质量等应符合使用要求,并应符合建筑门窗产品标准的规定;

2 门窗的配件应与门窗主体相匹配,并应符合各种材料的技术要求;

3 应推广应用具有节能、密封、隔声、防结露等优良性能的建筑门窗。

注:门窗加工的尺寸,应按门窗洞口设计尺寸扣除墙面装修材料的厚度,按净尺寸加工。

6.10.2 门窗与墙体应连接牢固,且满足抗风压、水密性、气密性的要求,对不同材料的门窗选择相应的密封材料。

6-2 门的安装方式

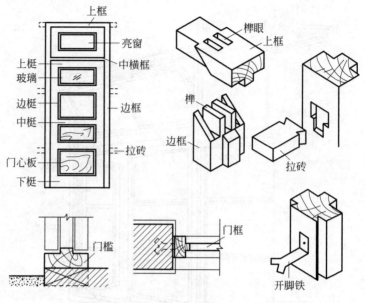

图 6-5　门框构造

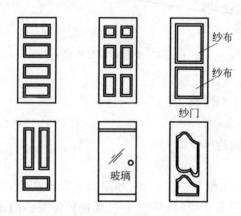

图 6-6　镶板门

易变形，油漆也易开裂，所以很少用作外门。镶板门的构造如图 6-7 所示。

　　镶板门中门心板换成其他材料，即成为纱门、玻璃门、百叶门等。玻璃门可以整块独扇，也可以半块镶门心板，还有的整扇门镶多块玻璃形成一定图案与造型，这些门构造上基本相同。现代公共建筑设计中，外门常采用不小于 12mm 厚的玻璃镶在上、下横框上，采用地弹簧当轴，不设边梃，自动推拉开关，用红外线控制。

　　（2）夹板门中间为轻型骨架，表面钉或粘贴薄板，如图 6-8 所示。

　　夹板门的骨架用料较少，外框用料一般为 35mm×（50～70）mm，可根据门扇大小、五金配件需要决定；内框用料的宽度与外框料的厚度通常一致，或减少 50% 面板厚度，而厚度可以更薄一些。可以使用短料拼接，在钉面板之后，整扇门即可获得足够的刚度。为了不使门内温

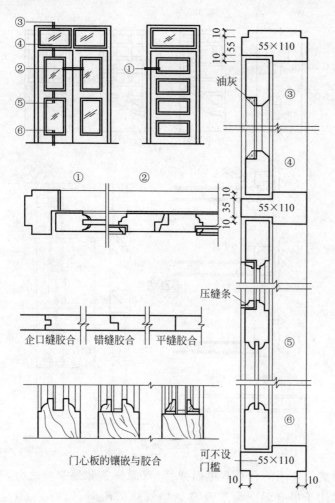

图 6-7 镶板门构造(单位：mm)

度变化产生内应力,保持内部干燥,应做透气孔贯穿上、下框格。

夹板门的面板一般采用胶合板、硬质纤维板或塑料板,这些面板不宜暴露于室外,因而夹板门不宜用于外门。面板与外框平齐,因为开关门、碰撞等容易碰坏面板,也可以采用硬木条嵌边或木线镶边等措施保护面板。

夹板门的特点是用料省,质量轻,表面整洁美观、经济,框格内如果嵌填一些保温、隔声材料,能起到较好的保温、隔声效果。在实际工程中,常将夹板门表面刷防火漆料、外包镀锌铁皮,可以达到二级防火门的标准,常用于住宅建筑中的分户门。因功能需要,夹板门上可镶嵌玻璃或百叶窗等,须将镶嵌处四边做成木框并铲口,镶玻璃时,一侧或两侧用压条固定玻璃。

2. 弹簧门构造

弹簧门就是将普通镶板门或夹板门改用弹簧合页与门槛结合,开启后能自动关闭。

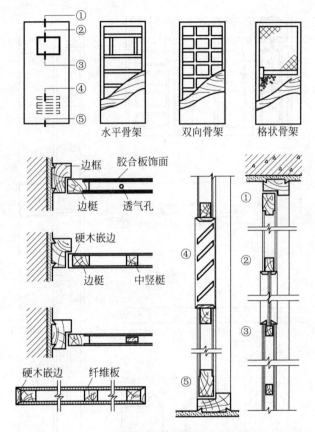

水平骨架　　双向骨架　　格状骨架

边框　胶合板饰面

边梃　透气孔

硬木嵌边

边梃　中竖梃

硬木嵌边　纤维板

图 6-8　夹板门

弹簧门使用的合页有单面弹簧、双面弹簧和地弹簧之分，单面弹簧门常用于需有温度调节及要遮挡气味的房间，如厨房、卫生间等。双面弹簧合页或地弹簧的门常用于公共建筑的门厅、过厅，以及出入人流较多、使用较频繁的房间门。弹簧门不适于幼儿园、中小学出入口处。

为避免人流出入时碰撞，弹簧门上应安装玻璃。

弹簧门的合页安装在门侧边。地弹簧的轴安装在地下，顶面与地面相平，只剩下铰轴与铰辊部分，开启时也较隐蔽。地弹簧适合于高标准建筑中入口处的大面积玻璃门等。

弹簧门的开关较频繁，受力也较大，因而门梃断面的尺寸也比一般镶板门大。通常上梃及边梃的宽度为 100～120mm，下梃宽 200～300mm，门扇厚 40～60mm，门心板厚 15mm。弹簧门的边框与边梃应做成弧形断面，其圆弧半径为门厚的 1.0～1.2 倍，门扇边也将边梃做成弧形，可以适当放大半径。为防止开关时碰撞，弹簧门边梃之间应留有一定缝隙，但缝隙太大又会造成漏风、保温不好等不利因素，寒冷地区在门边梃上钉橡胶等弹性材料以满足保温要求，如图 6-9 所示。

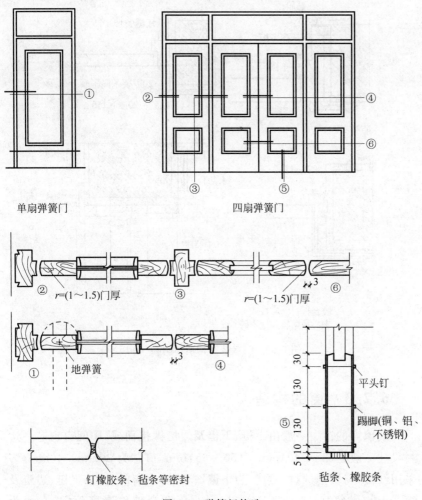

单扇弹簧门　　　　　　　　　四扇弹簧门

$r=(1\sim1.5)$门厚　　　　　$r=(1\sim1.5)$门厚

地弹簧

钉橡胶条、毡条等密封

平头钉

踢脚(铜、铝、不锈钢)

毡条、橡胶条

图 6-9　弹簧门构造

3. 门的装饰构造

门的组成部件中还有一部分属于装饰性附件,如贴脸板、筒子板等,这些装饰性附件在许多建筑中都是与门一同设计、施工的。

贴脸板是在门洞四周所钉的木板,其作用是掩盖门框与墙的接缝,也是由墙到门的过渡,如图 6-10 所示,贴脸板常用厚 20mm、宽 30~100mm 的木板。为节省木材,现在也采用胶合板、刨花板或多层板、硬木饰面板等。

当门框的一侧或两侧均不靠墙面时,除了将抹灰嵌入门框边的铲口内,或者用压缝条盖住与墙的接缝处,往往还包钉木板,称为筒子板,如图 6-10 所示。

贴脸板、筒子板与门框之间应连接可靠,在高标准建筑中,贴脸板与筒子板均应按照设计铲线角,或用木线嵌压。

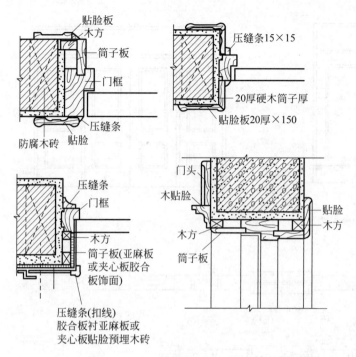

图 6-10　门口装饰构造（单位：mm）

6.2.3　窗的构造

玻璃窗的窗扇一般由上梃、下梃及边梃榫接而成，中间有窗芯。边料尺寸一般为(30～40)mm×(50～60)mm，窗芯为 30mm×40mm，多采用红松，与窗框选材一致。为了镶嵌玻璃，在窗的上梃、下梃、边梃及窗芯上均做铲口，铲口宽 10～12mm，深度视玻璃厚度而定，一般为 12～15mm，不超过窗扇厚的 1/3。铲口的位置一般在窗的外侧，镶好玻璃后用油灰嵌固，这样有利于窗的密封。为防止透风雨，加强保温性能，两扇窗的接缝处可做成高低缝，并加盖缝条，如图 6-11 所示。

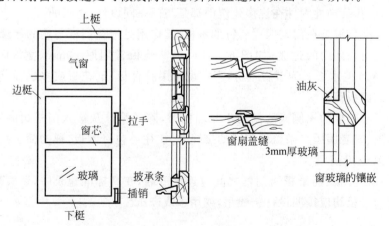

图 6-11　窗扇构造

玻璃窗在一般情况下选用 3mm 厚的平板玻璃,当窗格尺寸较大时,可考虑选用 5mm 平板玻璃,如需要遮挡视线时,可选用磨砂玻璃或压花玻璃。

平开窗有以下几种形式。

1) 单层窗

单层窗主要用于南方建筑;在寒冷地区,只用于内窗或不采暖建筑,如仓库、部分厂房等。单层窗的构造简单,成本低廉。窗的开启可以外开,也可以内开,如图 6-12(a)所示。

2) 双层窗

寒冷地区的建筑外窗普遍采用双层窗,双层窗的开启可以分为内外开和双内开两种方式。温暖地区和南方则用一玻一纱的双层窗。

双层窗内外开木窗的窗框在内侧与外侧均做铲口,内层向内开启,外层向外开启,构造安装合理,如图 6-12(b)所示。这种窗内、外窗扇基本相同,开启方便。如果需要,可将内层窗取下,换成纱窗。

双层双内开木窗的两层窗扇同时向内开启,外层窗扇较小,以便通过内层窗框,双层内开窗的窗框可以是一个,也可分为两个。但双内开窗窗框用料大,以便于铲成高、低双口,可采用拼合木框以减少木材的损耗。双窗框的窗,外框各边可均比内框小一点,窗框之间的间距一般在 60mm 以上。为了防止雨水渗入,外层窗的窗扇下冒头要加设披水板,如图 6-12(c)所示。

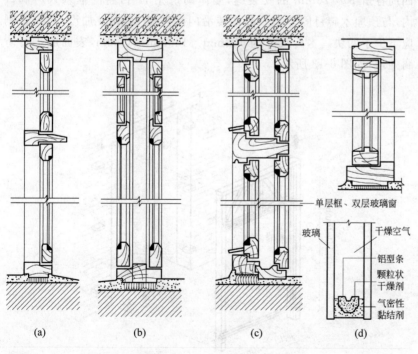

单层框、双层玻璃窗

玻璃
干燥空气
铝型条
颗粒状
干燥剂
气密性
黏结剂

(a) (b) (c) (d)

图 6-12 木窗构造

(a) 单层窗;(b) 内外开木窗;(c) 双层双内开木窗;(d) 单框双玻璃

双层双内开窗的特点是开启方便、安全,有利于保护窗扇免受风雨袭击,也便于擦窗,但构造复杂,结构所占面积较大,采光净面积有所减少。这种窗仍广泛应用在我国严寒地区。

3)单框双玻璃

单框双玻璃是在一层窗扇上镶装两层或多层玻璃,各层玻璃的间距为 6～15mm,有一定的保温能力。两层玻璃间通过设置夹条以保持间距,这种窗的密闭程度对窗的保温效果、夹层内部积尘有很大影响。如采用成品密封中空玻璃,效果更好,但造价更高。中空玻璃目前一般采用的形式是在双层玻璃中间的边缘处夹以铝型条,内装专用干燥剂,并采用专用的气密性黏结剂密封,玻璃间充以干燥空气或惰性气体。玻璃的厚度一般采用 3mm,面积较大的采用 5mm,其间距视气候条件而定,多采用 6mm、9mm,如图 6-12(d)所示。

6-3　窗的类型及组成构件

6.2.4　门窗框的安装

1. 门窗框的安装方法

门窗框的安装方法有两种,一种是塞口法,一种是立口法。下面以门框安装为例进行说明。

塞口法是先砌砖墙,预留出门洞口,并隔一定距离预埋木砖,框的四周各留 10～20mm 的安装缝,墙体砌筑完工后,将门框塞入门洞口内,与预埋木砖钉固牢。一般木砖沿门高按每 600mm 加设一块,每侧应不少于两块。木砖尺寸为 120mm×120mm×60mm,表面应进行防腐处理,如图 6-13 所示。

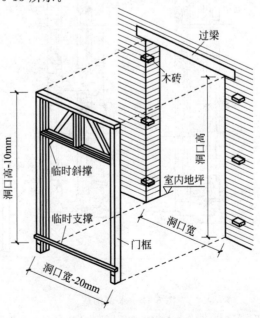

图 6-13　塞口法施工

立口法是先立门框,后砌墙体。为使框与墙体连接紧密,在门槛上槛两端各伸出 120mm 左右的端头,俗称"羊角头"。另外,每隔 600mm 在边梃上钉木拉砖,木拉转也伸入墙身,保证门框的牢固,如图 6-14 所示。立口法的优点是框与墙体的连接较为紧密,缺点是施工不便,木门窗框及其临时支撑易被碰撞,有时还会产生移位和破损;用塞口法安装门窗框与墙体连接的紧密程度不及立口法,但其施工方便,安装门窗工序的灵活性很大。一般门窗厂大批量生产的标准门窗都是按塞口法进行加工制作的。

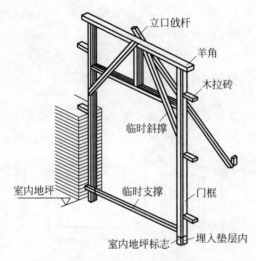

图 6-14 立口法施工

2. 门窗框与墙固定构造

门框可设在墙中间,或与墙的一侧平行,如图 6-15 所示。一般多与开启方向一侧平齐,尽可能使门扇开启时贴近墙面。门框四周的抹灰极易开裂脱落,因此在门框与墙结合处应做贴脸板与木压条盖缝。装修标准高的建筑还应在门洞及上方设筒子板。

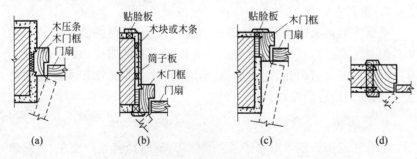

图 6-15 门框位置、门贴脸板及筒子板
(a) 中立;(b) 内平;(c) 外平;(d) 内外平

对于塞口法,门窗框与墙的连接方式要视洞口周围墙体材料而采用不同方法。例如,门框与砖墙的常用连接方式是在墙内砌入防腐木

砖,再用钉钉装门框。

6.3　遮阳

在炎热地区,外窗应采取适当的遮阳措施,以避免阳光直射室内,降低室内温度,节约能耗,同时可丰富建筑立面。

对于低层建筑来说,绿化遮阳是一种经济而美观的措施,可利用搭设棚架、种植攀缘植物或阔叶树来遮阳。另外,可设计简易设施遮阳,其特点是制作简易、经济、灵活、拆卸方便,但耐久性差。简易设施可用苇席、布篷、百叶窗、竹帘、塑料等。

6.3.1　建筑构造遮阳

通过建筑构造来遮阳主要是设置各种形式的遮阳板。遮阳板成为建筑物的组成部分,图 6-16 所示。

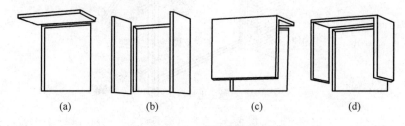

(a)　　　　　　(b)　　　　　　(c)　　　　　　(d)

图 6-16　建筑遮阳板
(a) 水平式;(b) 垂直式;(c) 挡板式;(d) 综合式

1. 水平式

水平式遮阳板能遮挡太阳高度角较大,从窗上方照射的阳光,适于南向及接近南向的窗口。

2. 垂直式

垂直式遮阳板能够有效地遮挡高度角较小、从窗侧斜射过来的阳光。但对于高度角较大的、从窗口上方投射下来的阳光,或接近日出、日没时平射窗口的阳光,它不起遮挡作用。故垂直式遮阳主要适用于东北、西北向附近的窗口。

3. 综合式

综合式遮阳板包含有水平及垂直遮阳,能遮挡窗上方及左、右两侧的阳光,故适用于南、东南、西南及其附近朝向的窗口。

4. 挡板式

这种形式的遮阳板能够有效地遮挡高度角较小、正射窗口的阳光,故它主要适用于东、西向附近的窗口。

应根据建筑所在地区的气候条件、建筑的朝向、房间的使用功能等因素,综合进行遮阳设计。可以通过永久性的建筑构件,如外檐廊、阳台、外挑遮阳板等,制作永久性遮阳设施。选择和设置遮阳设施时,应尽量减少对房间的采光和通风的影响,并与建筑的立面处理统一考虑。

在实际工程中,遮阳可由基本形式演变出造型丰富的其他形式。如为避免单层水平式遮阳板的出挑尺寸过大,可将水平式遮阳板重复设置成双层或多层。当窗间墙较窄时,将综合式遮阳板连续设置。挡板式遮阳板可结合建筑立面进行处理,或连续,或间断(图 6-17)。

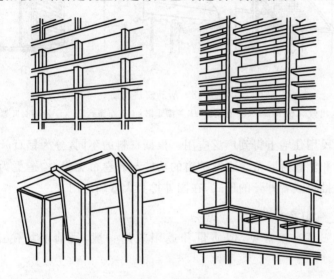

图 6-17　建筑遮阳

6.3.2　活动窗口外遮阳

固定遮阳不可避免地会带来与采光、自然通风、冬季采暖、视野等方面的矛盾。活动遮阳可以根据环境变化和个人喜欢,自由地控制遮阳系统的工作状况,如采用遮阳卷帘、活动百叶遮阳、遮阳篷、遮阳纱幕等。如图 6-18 所示为活动窗口外遮阳的各种类型。

1. 遮阳卷帘

窗外遮阳卷帘是一种有效的遮阳措施,适用于各个朝向的窗户。当卷帘完全放下的时候,能够遮挡大部分太阳辐射,这时候进入外窗的热量只有卷帘吸收的太阳辐射能量向内传递的部分。如果采用导热系数小的玻璃,则进入窗户的太阳热量非常少。

2. 活动百叶遮阳

活动百叶遮阳有升降式百叶帘和百叶护窗等形式。百叶帘既可以升降,也可以调节角度,在遮阳和采光、通风之间达到平衡,因而在办公

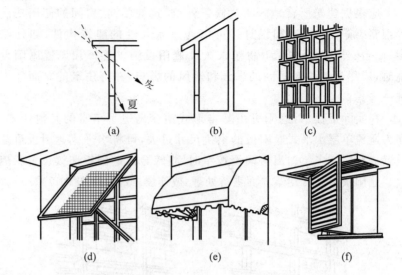

图 6-18　活动窗口遮阳

（a）出檐；（b）外廊；（c）花格；（d）芦席遮阳；（e）布篷遮阳；（f）旋转百叶遮阳

楼宇及民用住宅上得到广泛应用。根据材料的不同,分为铝百叶帘、木百叶帘和塑料百叶帘。百叶护窗的功能与外卷帘类似,构造更为简单,一般为推拉或者外开的形式,在国外得到大量的应用。

3. 遮阳篷

遮阳篷比较常见,但质量和遮阳效果一般,目前市场使用有些杂乱。

4. 遮阳纱幕

遮阳纱幕既能遮挡阳光辐射,又能根据材料选择控制可见光的进入量,遮挡紫外线,并能避免眩光的干扰,是一种适合于炎热地区的外遮阳方式。纱幕的材料主要是玻璃纤维,具有耐火防腐、坚固耐久等优点。

6.3.3　其他形式遮阳

1. 窗口中置式遮阳

中置式遮阳设施通常位于双层玻璃中间,与窗框及玻璃组合成为整扇窗户,有较强的整体性,一般由工厂一体生产成型。

2. 窗口内遮阳

内遮阳的形式有百叶窗帘、垂直窗帘、卷帘等。材料则多种多样,有布料、塑料(PVC)、金属、竹、木等。当采用内遮阳的时候,太阳辐射穿过玻璃,可使内遮阳帘自身受热升温。这部分热量实际上已经进入室内,有很大一部分将通过对流和辐射的方式使室内的温度升高。

3. 玻璃自遮阳

玻璃自遮阳是利用窗户玻璃自身的遮阳性能,阻断部分阳光进入室内。玻璃自身的遮阳性能对节能的影响很大,应该选择遮阳系数小的玻璃。常见的遮阳性能好的玻璃有吸热玻璃、热反射玻璃、低辐射玻璃。这几种玻璃的遮阳系数低,具有良好的遮阳效果。值得注意的是,前两种玻璃对采光有不同程度的影响,而低辐射玻璃的透光性能良好。

第 7 章

屋　顶

7.1　概述

7.1.1　屋顶的作用和设计要求

屋顶是房屋最上层的覆盖部分,它既对房屋起到保护作用,又是重要的承重构件,屋顶的外观还对房屋的整体造型有很大的影响。

1. 屋顶的作用

1)围护作用

屋顶作为建筑物最上部的围护和承重构件,应能抵抗风、雨、雪的侵袭,以及避免日晒等自然因素的影响,应具有防水、排水、保温、隔热的能力。其中,防水和排水是屋顶构造设计的核心。

2)承重作用

屋顶应能承受风、雨、雪、人及屋顶本身的荷载,并把这些荷载传递给墙和柱等下部支撑构件。

3)美化环境作用

屋顶是体现建筑风格的重要构件,对建筑造型具有很大影响。

2. 设计要求

由于屋顶在房屋中起到重要的作用,设计屋顶时应遵循以下要求。

1)结构要求

屋顶需承受风、霜、雨、雪等荷载及其自重,对于特殊功能的屋顶,其还要承受来自人和植被等的活荷载。屋顶作为房屋的承重构件,其将荷载传递给墙、柱,与它们组成房屋的受力骨架,因此屋顶应具有足够的强度和刚度,以保证房屋的结构安全,防止其因过大的结构变形而造成屋面开裂、漏水等。另外,屋顶还需要符合自重轻、构造简单、施工方便等要求。

知识扩展:

本章依据《民用建筑设计通则》(GB 50352—2005)编写:

6.13.3　屋面构造应符合下列要求:

1　屋面面层应采用不燃烧体材料,包括屋面突出部分及屋顶加层,但一、二级耐火等级建筑物,其不燃烧体屋面基层上可采用可燃卷材防水层。

2　屋面排水宜优先采用外排水;高层建筑、多跨及集水面积较大的屋面宜采用内排水;屋面水落管的数量、管径应通过验(计)算确定。

3　天沟、檐沟、檐口、落水口、泛水、变形缝和伸出屋面管道等处应采取与工程特点相适应的防水加强构造措施,并应符合有关规范的规定。

4　当屋面坡度较大或同一屋面落差较大时,应采取固定加强和防止屋面滑落的措施;平瓦必须铺置牢固。

5　地震设防区或有强风地区的屋面应采取固定加强措施。

2）功能要求

在功能要求方面，屋顶需具有抵御雨雪侵袭等排水和防水的功能，以及抵御自然界冷空气和热辐射的影响而应具有的保温隔热功能，且保温隔热是现代建筑节能设计的重要内容。

3）防水要求

作为建筑的外围结构，为了抵御雨雪的侵袭，防水、排水应是屋顶的基本要求。一般屋面应做一定的坡度以利排水，在防水处理方面，则应综合考虑建筑及结构的形式、防水材料、屋盖坡度、屋面构造处理等问题，遵循"合理设防、防排结合、因地制宜、综合治理"等原则。

在我国现行的《屋面工程技术规范》（GB 50345—2012）中，根据建筑物的性质、重要程度、使用功能要求及防水耐久年限等，将屋面防水划分为四个等级，各等级均有不同的设防要求，具体如表 7-1 所示。

表 7-1 屋面防水等级和设防要求

项目	屋面防水等级			
	Ⅰ	Ⅱ	Ⅲ	Ⅳ
建筑物类别	特别重要或对防水有特殊要求的建筑	重要的建筑和高层建筑	一般的建筑	非永久性的建筑
防水层合理使用年限/年	25	15	10	5
设防要求	三道或三道以上防水设防	二道防水设防	一道防水设防	一道防水设防
防水层选用材料	宜选用合成高分子防水卷材、高聚物改性沥青防水卷材、合成高分子防水涂料、细石混凝土等材料	宜选用高聚物改性沥青防水卷材、合成高分子防水卷材、合成高分子防水涂料、高聚物改性沥青防水涂料、细石混凝土、平瓦、细毡瓦等材料	应选用三毡四油沥青防水卷材、高聚物改性沥青防水卷材、合成高分子防水卷材、金属板材、合成高分子防水涂料、高聚物改性沥青防水涂料、细石混凝土、平瓦、油毡瓦等材料	可选用二毡三油沥青防水卷材、高聚物改性沥青防水涂料等材料

注：

1. 本表中采用的沥青均为石油沥青，不包括煤沥青和煤焦油等材料。

2. 石油沥青低胎油毡和沥青复合胎柔性防水卷材，系限制使用材料。

3. 在Ⅰ、Ⅱ级屋面防水设防中，如仅做一道金属板材时，应符合有关技术规定。

知识扩展：

本章依据《民用建筑设计通则》（GB 50352—2005）编写。

6 设保温层的屋面应通过热工验算，并采取防结露、防蒸汽渗透及施工时防保温层受潮等措施。

7 采用架空隔热层的屋面，架空隔热层的高度应按照屋面的宽度或坡度的大小变化确定，架空层不得堵塞；当屋面宽度大于10m时，应设置通风屋脊；屋面基层上宜有适当厚度的保温隔热层。

8 采用钢丝网水泥或钢筋混凝土薄壁构件的屋面板应有抗风化、抗腐蚀的防护措施；刚性防水屋面应有抗裂措施。

9 当无楼梯通达屋面时，应设上屋面的检修人孔，或低于10m时，可设外墙爬梯，并应有安全防护和防止儿童攀爬的措施。

10 闷顶应设通风口和通向闷顶的检修人孔；闷顶内应有防火分隔。

4）保温隔热要求

屋顶的另一设计要求便是保温隔热。对于冬季比较寒冷的北方以及夏季较为炎热的南方，室内采暖以及开冷气在特定的季节便是必不可少的。这时，屋顶的保温隔热功能便显得尤为重要。

其中，屋顶的保温通常采用导热系数小的材料，阻止室内热量由屋顶流向室外。屋顶的隔热则需通过设置通风间层，利用风压及热压带走一部分辐射热，或采用隔热性能好的材料，减少由屋顶传入室内的热量。

5）建筑形象要求

屋顶是建筑第五立面，对建筑的整体造型具有重要意义。屋顶造型必须符合美学原则，不同色彩与造型的搭配，往往能体现出不同的地域、民族、文化和历史特色，是建筑形象的重要表现手段。图7-1所示为不同建筑风格的屋顶形式。

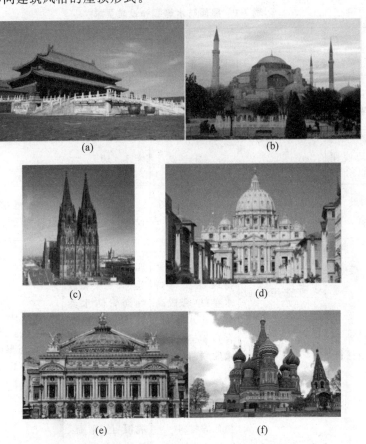

图 7-1　不同建筑风格的屋顶形式

(a) 故宫太和殿；(b) 圣索菲亚大教堂；(c) 科隆大教堂；
(d) 圣彼得大教堂；(e) 巴黎歌剧院；(f) 圣瓦西里大教堂

知识扩展：

本章依据《全国民用建筑工程设计技术措施——规划·建筑·景观》编写。

7.1　屋面类型

7.1.1　屋面可分为平屋面和坡屋面。

7.1.2　屋面防水材料可分为以下类型。

1　卷材或涂膜屋面：大多为平屋面，也可为坡屋面。

2　刚性防水层屋面：以防水细石混凝土作为屋面防水层的屋面，大多为平屋面。

3　瓦屋面：均为坡屋面。其屋面坡度取决于所采用的瓦材性能和立面造型要求。

4　金属板屋面：以钢或铝的合金材料作成的金属板和夹芯板（与保温材料复合）屋面，宜在高级公共建筑中采用。金属材料可压延成较大面积的单张，还可按屋顶形状压成曲面等较复杂的形状，以应用于穹顶等曲面屋顶上。金属板还可与卷材等组合使用，如以压型钢板作基层，其上作保温层及卷材屋面等。

7.1.2　屋顶的组成和形式

1. 屋顶的组成

屋顶主要由屋面和支承结构组成,屋面应根据防水、保温、隔热、隔声、防火,是否作为上人屋面等功能的需要,设置不同的构造层次,选择合适的建筑材料。另外,有时可在屋顶的下表面考虑各种形式的吊顶。

2. 屋顶的形式

屋顶有很多形式,与建筑的使用功能、支承结构类型、屋面材料、地区气候特点及建筑造型要求等相关,可分为坡屋顶、平屋顶和曲面屋顶等。

坡屋顶是我国传统的屋顶形式,有单坡、双坡、四坡等多种形式。在一些古建筑中,为了达到美观的效果,常将屋顶的坡面做成曲面,形成卷棚顶、歇山顶等形式,还有圆形和多角形攒尖屋顶。坡屋顶的结构应满足建筑形式的要求,屋面防水材料通常采用瓦材,坡度一般为20°~30°。

大量民用建筑通常采用混合结构或框架结构,结构空间与建筑空间多为矩形,这时屋顶与楼顶结构类似,便形成了平屋顶。平屋顶也要具有一定的坡度以利排水,坡度通常为2%~5%。

曲面屋顶通常用于各种大跨度、大空间的建筑。根据屋顶结构的不同,曲面屋顶的具体形式也多种多样,如网架屋顶、网壳屋顶、悬索屋顶等。这种屋顶的结构形式独特,内力分布合理,施工及结构技术等都有一系列理论和规范,能够充分发挥材料的力学性能,因此屋顶施工复杂,一般只用于大跨度、大空间建筑。并且这种屋顶形式多样,可在其建筑的理论技术基础之上进行艺术处理,创造出新型的建筑形式。

图 7-2 所示为各种屋顶形式。

7.1.3　屋顶的坡度

1. 屋顶坡度表示方法

常用的坡度表示方法有角度法、百分比法和比值法,如图 7-3 所示。

2. 影响屋顶坡度的因素

屋顶坡度太小容易漏水,坡度太大则多用材料,浪费空间。要使屋顶坡度恰当,需考虑所采用的屋顶防水材料和当地降雨量两方面的因素。

7-1　屋顶类型

知识扩展:

　　本章依据《全国民用建筑工程设计技术措施——规划·建筑·景观》编写:

7.1.3　根据屋面的使用特征可分为保温屋面和隔热屋面,隔热屋面有架空、蓄水、种植屋面等。

　　1　保温屋面:在屋面构造中设置保温层,以满足使用及节能的需要。

　　2　架空屋面:在平屋面上增设架空层。架空层的面板与屋面之间形成可以通风的空气间层,起到隔热的作用。

　　3　蓄水屋面:在平屋面上设置浅水池,水深一般在 150~200mm 之间。依靠水的蓄热起到隔热的作用。

　　4　种植屋面:在屋面上种植草皮、地被植物、灌木等,甚至布置成庭园,以绿化、美化环境,并可提高屋面的保温、隔热性能。一般为平屋面,也可做成坡屋面,但需采取防滑措施。高出室外地坪的地下室顶板绿化,也可列入种植屋面的范畴。

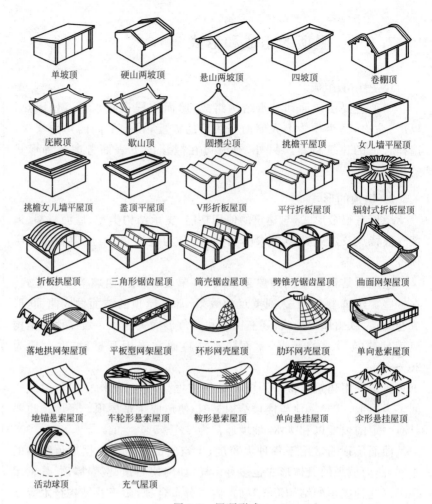

图 7-2　屋顶形式

知识扩展：

本章依据《全国民用建筑工程设计技术措施——规划·建筑·景观》编写：

7.2　材料及坡度

7.2.1　建筑物的屋面承重结构、保温层和面层材料的防火性能等应依据建筑的耐火等级和防火规范的有关规定确定。

7.2.2　为了节约木材，一般情况下，不宜采用木望板作为屋面基层。

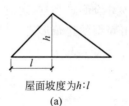

屋面坡度为 $h:l$

(a)

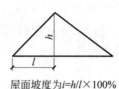

屋面坡度为 $i=h/l \times 100\%$

(b)

屋面坡度为 θ

(c)

图 7-3　屋顶坡度表示方法

（a）比值法；（b）百分比法；（c）角度法

1）屋顶防水材料与排水坡度的关系

防水材料如尺寸较小，接缝必然较多，容易产生缝隙漏水，因而屋顶应有较大的排水坡度，以便将屋面积水迅速排除。坡屋顶的防水材料多为瓦材，其覆盖面积小，故屋面坡度较陡。如果屋面的防水材料覆盖面积大，接缝少而且严密，屋面的排水坡度就可以小一些。平屋顶的防水材料多为各种卷材、涂膜等，故其排水坡度通常较小。

2）降雨量大小与坡度的关系

在降雨量大的地区，屋面渗漏的可能性较大，应适当加大屋顶的排水坡度；反之，屋顶排水坡度则宜小一些。

综上所述，可以得出如下规律：屋顶防水材料尺寸越小，屋顶排水坡度越大，反之则越小；降雨量大的地区屋顶排水坡度较大，反之则较小。

3. 屋顶坡度的形成方法

屋顶坡度的形成有材料找坡和结构找坡两种方法，如图7-4所示。

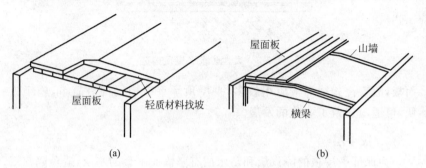

图7-4　屋顶坡度的形成方法

（a）材料找坡；（b）结构找坡

1）材料找坡

材料找坡是一种主要用于平屋顶的找坡方法，它是将屋顶结构板水平设置，然后在其上用轻质材料垫出坡度。常用的找坡材料为水泥焦渣、石灰炉渣等。找坡层的厚度以最低处不少于 20mm 为宜。

2）结构找坡

结构找坡是指通过屋顶结构构件倾斜的上表面而形成屋顶坡度的方法，主要用于坡屋顶和对室内顶棚面是否水平要求不高的平屋顶找坡。

7.2　平屋顶

平屋顶因其结构简单、施工方便等特点而被广泛应用在建筑中。

7.2.1　平屋顶的组成与构造

平屋顶设计中主要解决防水、排水、保温、隔热和结构承重等问题，一般做法是结构层在下，防水层在上，其他层次位置应视具体情况而定，如图7-5所示。

1. 结构层

平屋顶的承重结构层一般采用钢筋混凝土梁板；要求具有足够的承重力、刚度，减少板的挠度和形变，可以在现场浇筑，也可以采用预制装配结构。因屋面防水、防渗漏和抗震要求，需接缝少且整体性好的屋

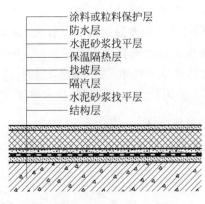

涂料或粒料保护层
防水层
水泥砂浆找平层
保温隔热层
找坡层
隔汽层
水泥砂浆找平层
结构层

图 7-5　柔性防水平屋顶构造

面板,故现浇式屋面板应用较多,平屋顶承重结构层构造简单,施工方便,可适应建筑工业化的发展。

2. 找平层

为保证平屋顶的隔汽层和防水层有坚固而平整的基层,避免隔汽层和防水层凹陷或破裂。一般先在结构层和保温层上做找平层。找平层的材料有水泥砂浆、细石混凝土或沥青砂浆,如表 7-2 所示。保温层上的找平层应留设分隔缝,缝宽宜为 5～20mm,纵横缝的间距不宜大于 6m。

表 7-2　找平层厚度和技术要求　　　　mm

找平层分类	适用的基层	厚度	技术要求
水泥砂浆	整体现浇混凝土板	15～20	1:2.5 水泥砂浆
	整体材料保温层	20～25	
细石混凝土	装配式混凝土板	30～35	C20 混凝土,宜加钢筋网片
	板状材料保温层		C20 混凝土

3. 隔汽层

为防止室内水蒸气渗入保温层后,降低保温层的保温能力,对于常年湿度很大的房间,如温水游泳池、公共浴室、厨房操作间、开水房等的屋面,需在承重结构层上、保温层下设置隔汽层。隔汽层可采用气密性好的单层防水卷材或防水涂料。隔汽层应沿周边墙面向上连续铺设,高出保温层上表面不得小于 150mm。

4. 保温层和隔热层

1) 保温层

屋顶设置保温层的目的是防止北方采暖地区冬季室内的热量散失太快,并且使围护构件的内部和表面不产生凝结水。保温层应根据屋面所需传热系数或热阻选择轻质、高效的保温材料。

根据保温层的位置,屋面保温做法可以分为正置式保温和倒置式保温。正置式保温即保温层设在结构层上、防水层下的构造做法。倒置式保温是把保温层设置在防水层上的构造做法。其特点是防水层不受太阳辐射和剧烈气候变化的直接影响,但是保温材料容易受雨水浸泡,使导热系数增大,保温性能下降,且易遭受破坏,故应选用吸水率低且长期浸水不变质的保温材料,如挤塑聚苯乙烯泡沫塑料、硬质聚氨酯泡沫塑料和喷涂硬泡聚氨酯等。而且保温层很轻,若不加保护盒埋压,容易被大风吹起,或是被屋面雨水浮起,以及人在上面踩踏而破坏,因此保温层上面应设置块体材料或细石混凝土保护层。

2)隔热层

夏季,特别是南方炎热地区,太阳的辐射热使得屋顶的温度升高,影响室内的生活和工作条件。因此,需要对屋顶进行隔热构造处理,以降低屋顶热量对室内的影响。屋面隔热层设计应根据地域、气候、屋面形式、建筑环境、使用功能条件,采取种植、架空和蓄水等隔热措施。

架空通风隔热层是指在屋顶设置架空通风间层,使上层表面起遮挡阳光的作用,利用风压和热压作用把间层中的热空气不断带走,以减少传到室内的热量,从而达到隔热降温的目的。《屋面工程技术规范》(GB 50345—2012)中规定:采用架空通风隔热屋面,屋面坡度不宜大于5%;架空隔热层的高度宜为180～300mm,架空板与女儿墙的距离不应小于250mm;当屋面宽度大于10m时,应在架空隔热层中部设置通风屋脊。

种植隔热是指在屋顶上覆盖一层种植土,栽培各种植物,利用植物吸收阳光,进行光合作用以及遮挡阳光的双重功效来达到降温隔热的目的。通常为减轻屋面荷载,种植土屋面应采用人工种植土,其厚度按所种植物所需厚度确定。

蓄水隔热层是指在平屋顶积蓄积水,利用水蒸发时需要大量的汽化热,从而大量消耗晒到屋面的太阳辐射热,减少屋顶吸收的热能,达到降温隔热的作用;同时,水面还能反射阳光,减少太阳辐射对屋面的热作用。水层在冬季还有一定的保温作用。此外,水层将长期将防水层淹没,可以减少由于湿度变化引起的开裂,防止混凝土碳化,延长其寿命。蓄水深度应为150～200mm;根据屋面面积划分成若干蓄水区,每区的边长一般不大于10m;应有足够的泛水高度,至少高出溢水孔100mm;合理设置溢水孔和泄水孔,并应与排水檐沟或雨水管连通,以保证多雨季节不超过蓄水深度,检修屋面时能将蓄水排除。

5. 找坡层

屋面找坡层的作用主要是快速排水和不积水。混凝土结构层宜采用结构找坡,坡度不宜小于3%;当采用材料找坡时,宜采用质量轻、吸水率低和有一定强度的材料,坡度宜为2%,且最薄处厚度不宜小于20mm。

6. 防水层

目前屋面防水工程中主要以卷材防水、涂膜防水和复合防水做法

知识扩展:

　　本章依据《全国民用建筑工程设计技术措施——规划·建筑·景观》编写:

7.5.5 隔汽层

　　当室内空气中的水蒸汽有可能透过屋面结构而渗入保温层时,应在保温层之下设置隔汽层,以防止保温层中含水量的增加而降低保温性能,甚至引起冻胀等,导致保温层的破坏。

　　1 常年湿度很大,且经常处于饱和湿度状态的房间,如室内游泳馆、公共浴室、厨房等的主食蒸煮间等,在其屋面保温层下应设隔汽层。

　　2 一般情况下,在纬度40°以北地区且室内空气湿度大于75%,或其他地区室内空气湿度常年大于80%时,保温层下应设隔汽层。如虽符合以上条件,但经过计算,保温层内不致产生冷凝水时,也可不设隔汽层。

为主。

1）卷材防水

卷材防水层基础应坚实、干净、平整,无空隙、起砂和裂缝。卷材防水层施工时应符合下列规定:应先进行细部构造处理,然后由屋面最低标高向上铺贴;卷材宜平行于屋脊铺贴,上、下层卷材不得相互垂直铺贴;平行屋脊的搭接缝应顺流水方向,搭接缝宽度应符合表7-3的要求;同一层相邻两幅卷材短边搭接缝应错开,且不应小于500mm,上、下层卷材长边搭接缝应错开,且不应小于幅宽的1/3。

表7-3 防水卷材的搭接宽度　　　　　　mm

卷材品种	搭接宽度
弹性体改性沥青防水卷材	100
改性沥青聚乙烯胎防水卷材	100
自黏聚合物改性沥青防水卷材	80
三元乙丙橡胶防水卷材	100/60(胶黏剂/胶黏带)
聚氯乙烯防水卷材	60/80(单焊缝/双焊缝)
	100(胶黏剂)
聚乙烯丙纶复合防水卷材	100(黏结料)
高分子自黏胶膜防水卷材	70/80(自黏胶/胶黏带)

每道卷材防水层最小厚度如表7-4所示。卷材粘贴方法有冷粘法、热粘法、热熔法等。

表7-4 每道卷材防水层最小厚度　　　　　　mm

防水等级	合成高分子防水卷材	高聚物改性沥青防水卷材		
		聚酯胎、玻纤胎、聚乙烯胎	自黏聚酯胎	自黏无胎
Ⅰ	1.2	3.0	2.0	1.5
Ⅱ	1.5	4.0	3.0	2.0

2）涂膜防水

涂膜防水层是将可塑性和黏结力较强的防水涂料直接涂刷在屋面找平层上,形成一层不透水薄膜的防水层。一般有合成高分子防水涂膜和聚合物水泥防水涂膜和高聚物改性沥青防水涂膜。每道涂膜防水层的最小厚度如表7-5所示。涂膜防水层具有防水性好、黏结力强、延伸性大、耐腐蚀、耐老化、冷作业、易施工等特点。涂膜防水层成膜后,要加以保护,以防硬杂物碰坏。

表7-5 每道涂膜防水层最小厚度　　　　　　mm

防水等级	合成高分子防水涂膜	聚合物水泥防水涂膜	高聚物改性沥青防水涂膜
Ⅰ	1.5	1.5	2.0
Ⅱ	2.0	2.0	3.0

知识扩展:

本章依据《全国民用建筑工程设计技术措施——规划·建筑·景观》编写:

3 隔汽层在屋面中应形成全封闭,即其周边至女儿墙根处应上翻至与屋面防水层相连接。当需设隔汽层的屋面为局部时,则隔汽层应外延至需设隔汽层的房间周边外不少于1000mm。

4 一般情况下,当金属屋面板下采用保温棉做保温层时,宜设隔汽层。当室内空气湿度较大或室内外温度差较大时,则必须设隔汽层。当保温棉或其他吸湿性较大的保温材料位于金属或其他装配式板材之上时,也应设隔汽层。

5 隔汽层可采用防水卷材或涂料,并宜选择其蒸汽渗透阻较大者。

7. 保护层

保护层应设置在防水层上，用以减缓雨水对屋面的冲刷力，降低太阳的辐射热影响，防止卷材防水层老化，延长其使用寿命。上人屋面保护层可采用块体、细石混凝土等材料；不上人屋面保护层可采用浅色涂料、铝箔、矿物粒料、水泥砂浆等材料。保护层材料的适用范围和技术要求应符合表 7-6 的规定。

表 7-6　保护层材料的适用范围和技术要求

保护层材料	适用范围	技 术 要 求
浅色涂料	不上人屋面	丙烯酸系反射涂料
铝箔	不上人屋面	0.05mm 厚铝箔反射膜
矿物粒料	不上人屋面	不透明的矿物粒料
水泥砂浆	不上人屋面	20mm 厚 1：2.5 或 M15 水泥砂浆
块体材料	上人屋面	地砖或 30mm 厚 C20 细石混凝土预制块
细石混凝土	上人屋面	40mm 厚 C20 细石混凝土或 50mm 厚 C20 细石混凝土内配 $\phi4@100$ 双向钢筋网片

7-2　屋面柔性防水
的细部构造

7.2.2　平屋顶的细部构造

1. 檐口

无组织挑檐檐口即自由落水檐口，当平屋顶采用无组织排水时，为了雨水下落时不至于淋湿墙面，应从平屋顶悬挑出宽度不小于 400mm 的板。

卷材防水屋面檐口 800mm 范围内的卷材应满粘，卷材收头应采用金属压条钉压，并应用密封材料封严。檐口下端应做鹰嘴和滴水槽。

2. 檐沟

有组织排水挑檐檐口即檐沟外排水檐口，也称为檐沟挑檐。檐沟和天沟的防水层下应增设附加层，附加层伸入屋面的宽度不应小于250mm；檐沟防水层和附加层应由沟底翻上至外侧顶部，卷材收头应用金属压条钉压，并应用密封材料封严。

3. 落水口

落水口的防水构造应符合下列规定：落水口可采用熟料或金属制品，落水口的金属配件均应做防锈处理；水落口杯应牢固地固定在承重结构上，其埋设标高应根据附加层的厚度及排水坡度加大的尺寸确定；落水口周围直径 500mm 范围内坡度不应小于 5%，防水层下应增设涂膜附加层；防水层和附加层伸入水落口杯内不应小于 50mm，并应黏结牢固。

4. 女儿墙

女儿墙的防水构造应符合下列规定：女儿墙压顶可采用混凝土或金属制品。压顶向内排水坡度不应小于 5%，压顶内侧下端应做滴水处理；

知识扩展：

　　本章依据《全国民用建筑工程设计技术措施——规划·建筑·景观》编写：

　　7.5.6　平屋面找坡层

　　1　屋面坡度大于 3% 时，且单坡度大于 9m 时，宜用结构找坡。屋面坡度小于等于 3% 时，宜用找坡层找坡。

　　2　宜采用轻质材料找坡，如陶粒、浮石、膨胀珍珠岩、炉渣、加气混凝土碎块等轻集料混凝土，找坡层的坡度宜为 2%。

　　3　也可利用现制保温层兼作找坡层。

女儿墙泛水处的防水层应增设附加层,附加层在平面和立面的宽度均不应小于 250mm;低女儿墙泛水处的防水层可直接铺贴或涂刷至压顶下,卷材收头应用金属压条钉压固定,并应用密封材料封严;高女儿墙泛水处的防水层泛水高度不应小于 250mm,泛水上部的墙体应作防水处理。

7.3　平屋顶的排水与泛水

7.3.1　排水

1. 排水方式

屋顶排水方式分为无组织排水和有组织排水两类。

1) 无组织排水

无组织排水又称自由落水,是指屋面雨水从檐口直接落到室外地面,因此无组织排水的檐部要挑出形成挑檐。这种做法构造简单,造价较低,但流下的雨水容易溅湿墙面。对于屋檐高度大的建筑或雨量大的地区,不建议采用此种方式排水。反之,无组织排水适用于雨水少的地区和层数较低的建筑物。

2) 有组织排水

有组织排水是通过檐沟或天沟将雨水汇集起来,通过排水系统即雨水口和雨水管有组织地排到地面或下水系统。对于较高的建筑或雨量较大的地区,宜采用有组织排水。有组织排水又分为外排水和内排水。

外排水是通过外檐沟或女儿墙与屋面相交形成内檐沟,将屋面雨水汇集,再经雨水口和室外雨水管排至地面,是比较常用的排水方式,且可做成四坡水或两坡水。其中,为了利于檐沟排水,檐沟底面的纵向坡度不应小于 0.5%。檐沟坡度也不宜大于 1%,以避免檐沟过深,不利于排水。如图 7-6 所示为外排水方式。

内排水是指雨水由屋面内檐沟或天沟汇集,再经雨水口和室内雨水管排入下水系统。内排水方式适用于屋面过大的建筑和高层建筑。如图 7-7 所示为内排水方式。

2. 排水方式的选择

低层建筑及檐高小于 10m 的屋面,可采用无组织排水;多层建筑屋顶宜采用有组织外排水;高层建筑屋顶宜采用内排水;多跨及汇水面积较大的屋顶宜采用天沟排水;寒冷地区宜采用内排水;湿陷性黄土地区宜采用有组织排水,并应将雨水直接排至排水管网。

3. 屋面排水组织设计

排水组织设计就是把屋面划分成若干个排水区,将各区的雨水分别引向各雨水管,使排水线路短捷,雨水管负荷均匀,排水顺畅。为此,屋面须有适当的排水坡度,设置必要的天沟、雨水管和雨水口,并合理地确定这些排水装置的规格、数量和位置,最后将它们标绘在屋顶平面

知识扩展:

本章依据《全国民用建筑工程设计技术措施——规划·建筑·景观》编写:

7.3.3 每一汇水面积内的屋面或天沟一般不应少于两个水落口。当屋面面积不大且小于当地一个水落口的最大汇水面积,而采用两个水落口确有困难时,也可采用一个水落口加溢流口的方式。溢流口宜靠近水落口,溢流口底的高度一般高出该处屋面完成面 150~250mm,并应挑出墙面不少于 50mm。溢水口的位置应不致影响其下部的使用,如影响行人等。

7.3.4 天沟、檐沟的纵向坡度不应小于 1%,金属檐沟、天沟的坡度可适当减小。沟底水落差不得大于 200mm。

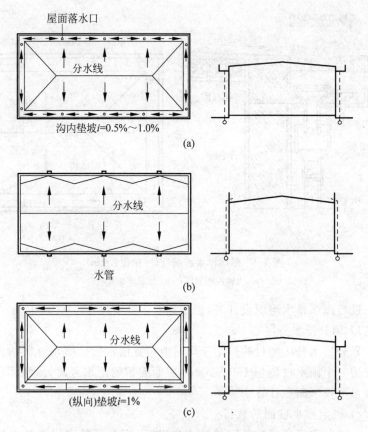

图 7-6 平屋顶有组织外排水

(a)挑檐沟外排水；(b)女儿墙内檐沟外排水；(c)女儿墙挑檐沟外排水

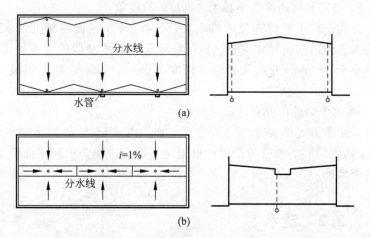

图 7-7 平屋顶有组织内排水

(a)女儿墙内檐沟排水；(b)天沟排水

7-3 屋顶排水方式

知识扩展：

　　本章依据《全国民用建筑工程设计技术措施——规划·建筑·景观》编写：

7.3.5　两个水落口的间距，一般不宜大于下列数值：

　　有外檐天沟24m；

　　无外檐天沟、内排水15m。

7.3.6　水落口中心距端部女儿墙内边不宜小于0.5m。

7.3.7　凹槽形钢筋混凝土天沟净宽应满足安装水落口所需的净空要求，即在水落口（倒喇叭管）的圆盘边距天沟侧壁每边留出不少于100mm的空隙以满足安装水落口后，施工其周边找平层与防水层的要求。当侧壁有保温层时，尚应加上保温层的厚度。

7.3.8　雨水管材料应符合下列规定：

　　1　外排水时可采用UPVC管，玻璃钢管、金属管等；

　　2　内排水时可采用铸铁管，镀锌钢管，UPVC管等，内排水管在拐弯处应设清扫口；

　　3　雨水管内径不得小于100mm，阳台雨水管直径可为75mm。

图上,这一系列的工作就是屋面排水组织设计,如图7-8所示。

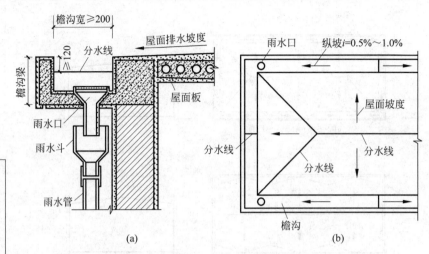

图7-8 屋面排水组织设计(单位:mm)
(a)挑檐沟断面图;(b)屋顶平面图

进行屋面排水组织设计时,须注意下述事项。

1)划分排水分区

划分排水分区的目的是便于均匀地布置雨水管。排水分区的大小一般按一个雨水口负担150~200m²屋面面积的雨水考虑,屋面面积按屋面水平投影面积计算。

2)确定排水坡面的数目

为避免水流路线过长而使防水层破坏,应合理确定屋面排水坡面的数目。一般情况下,平屋顶屋面宽度小于12m时,可采用单坡排水;宽度大于12m时,可采用双坡排水或者四坡排水。

3)确定天沟断面大小和天沟纵坡的坡度值

檐沟是位于檐口部位的排水沟,天沟是位于屋面中部的排水沟。檐沟或天沟的断面尺寸应根据地区降雨量和汇水面积的大小确定,净宽不小于300mm,分水线处最小深度不小于100mm。檐沟纵坡不小于1%。

4)雨水口的位置和数量

采用重力式排水时,屋面每个汇水面积内,雨水排水立管不宜少于2根;落水口和落水管的位置应根据建筑物的造型要求和屋面汇水情况等因素确定。

7.3.2 泛水

泛水指屋面防水层与垂直墙面相交处的构造处理。例如,女儿墙、高出屋面的楼梯间、烟囱等与屋面相交的部位,都应该做泛水,以避免渗漏。在泛水处水平找平层与垂直部分的交接处,为防止卷材因直角转折而发生断裂或不能铺实,应用水泥砂浆做成圆弧或钝角,并增铺一层防水附加层。然后将防水层连续铺贴到垂直面上,卷材在垂直面上的粘贴高度一般不小于 250mm,卷材在垂直面上的收头处要做好防水处理。具体方式如图7-9所示。

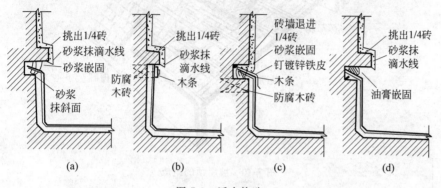

图 7-9 泛水构造

(a) 砂浆嵌固;(b) 木条压砖;(c) 铁皮压砖;(d) 油膏嵌固

7.4 坡屋顶

7.4.1 坡屋顶的特点和组成

1. 坡屋顶的特点

坡屋顶的坡度一般应大于 10°,通常取 30°左右。它具有排水速度快、防水功能好、保温隔热好、美观等特点,但屋顶高度大,交叉错落,构造复杂,消耗材料较多。坡屋顶根据坡面组织的不同,主要有单坡顶、双坡顶及四坡顶等。

2. 坡屋顶的组成

坡屋顶是我国传统的屋顶形式,主要由屋面、结构层和顶棚等部分组成,如图 7-10 所示。根据使用功能的不同,有些还需设附加层。

结构层承受屋顶荷载并将荷载传递给墙或柱,一般有屋架或大梁、檩条、椽子等。

屋面层是屋顶上的覆盖层,直接承受风雨、冰冻和太阳辐射等自然气候的作用,包括屋面盖料和基层(挂瓦条、屋面板等)。

顶棚层是屋顶下面的遮盖部分,可使室内上部空间平整,起保温隔热、装饰和反射光线等作用。

附加层是指根据使用要求而设置的保温层、隔热层、隔汽层、找平层、结合层等。

知识扩展:

本章依据《全国民用建筑工程设计技术措施——规划·建筑·景观》编写:

7.3.9 内排水设计应由建筑和给排水专业共同商定,并由给排水专业绘制施工图。

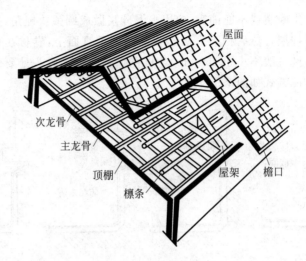

图 7-10　坡屋顶的组成

7.4.2　坡屋顶的支撑结构

坡屋顶的支承结构系统可分为有檩体系屋顶和无檩体系屋顶。

1. 有檩体系屋顶

有檩体系屋顶是由屋架(屋面梁)、檩条、屋面板组成的屋顶体系,如图 7-11 所示。其特点有构件较小、质量轻、吊装容易等;但也具有构件数量多、施工复杂、整体刚度较差等缺点。檩条有木檩条、轻钢檩条和钢筋混凝土檩条等类型,多用于中、小型厂房。

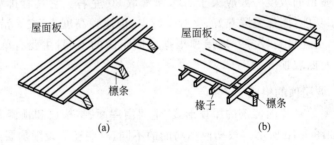

图 7-11　有檩体系屋顶

(a) 支撑屋面板;(b) 支撑椽子、屋面板

檩式屋顶的承重体系主要有山墙承重、屋架承重、梁架承重。其中,山墙承重适用于房屋开间较小的建筑,如住宅、宿舍等;屋架承重适用于较大空间的建筑,如食堂、礼堂、俱乐部等。

山墙常指房屋的横墙。山墙承重是将山墙顶部按屋顶要求的坡度砌成三角形,在墙上直接搁置檩条,承受屋面荷载,又称为硬山搁檩,如图 7-12 所示。这种做法具有简单经济,隔声、防火等优点,但横墙间距较小,房间布置不灵活。一般多适用于相同开间并列的房屋,如宿舍、办公室等。

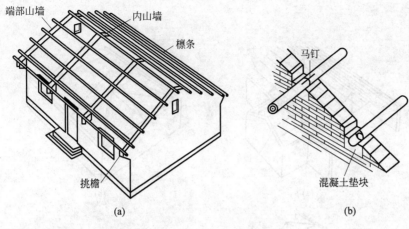

图 7-12 山墙承重

屋架承重是指屋架搁置在建筑物外纵墙或柱上,屋架上设置檩条和支撑,形成屋面承重体系,传递屋面荷载,如图 7-13 所示。屋架可根据排水坡和空间要求做成三角形、梯形、矩形等形式。其间距通常为 3~4m,一般不超过 6m。屋架可用木、钢木、钢筋混凝土和钢等材料制作,其高度和跨度的比值应与屋面的坡度一致。

知识扩展:

本章依据《坡屋面工程技术规范》(GB 50693—2011)编写:

2.0.8 斜天沟 slope cullis

坡屋面斜面相交凹角的斜交线形成的天沟。

2.0.9 搭接式天沟 lapped cullis

在斜天沟上铺设沥青瓦,两侧瓦片搭接形成的天沟。

2.0.10 编织式天沟 knitted cullis

在斜天沟上铺设沥青瓦,两侧瓦片编织形成的天沟。

2.0.11 敞开式天沟 open cullis

瓦材铺设至天沟边沿,天沟底部采用卷材或金属板构造形成的天沟。

2.0.12 挑檐 overhang

屋面向排水方向挑出外墙或外廊部位的檐口构造。

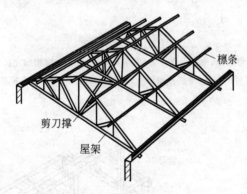

图 7-13 屋架承重

对于四面坡和歇山屋顶,可制成异形屋架,如图 7-14 所示。

梁架承重是我国传统的结构形式,又称为木构架承重,是以柱和梁形成梁架,支承檩条,每隔两根或三根檩条立一柱子,并利用檩条及连系梁(枋)将整个房屋形成一个整体骨架,如图 7-15 所示。这种承重结构整体性好、抗震性强,墙只起围护和分隔作用,不承重,因此这种结构形式有"墙倒屋不塌"之说,但是梁受力不够合理,较费材料。

2. 无檩体系屋顶

无檩体系屋顶是指大型屋面板直接铺设在屋架或屋面梁上弦之上的屋顶体系,如图 7-16 所示。这是目前大、中型钢筋混凝土单层厂房广泛采用的屋顶形式。其中,大型屋面板的经济尺寸为 6m×1.5m,具有屋顶较重、构件大、数量少、刚度好、工业化程度高、安装速度快等特点。

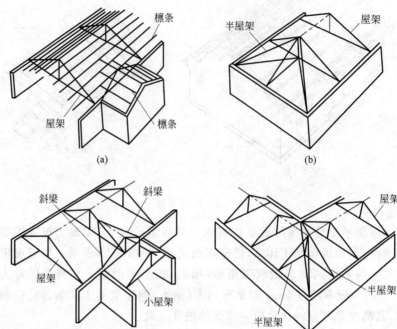

图 7-14 屋架布置

（a）屋顶直角相交，檩条上搁檩条；（b）四坡顶端部，半屋架搁在梯形屋架上；
（c）屋顶直角相交，斜梁搁在屋架上；（d）屋顶转角处，半屋架搁在全屋架上

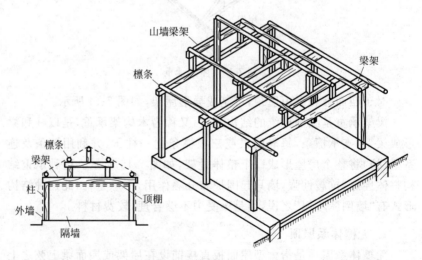

图 7-15 梁架布置

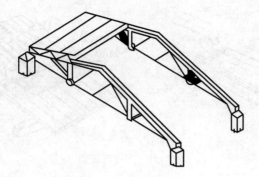

图 7-16　无檩体系屋顶

7.4.3　坡屋顶的屋面构造

1. 平瓦屋面构造

平瓦在坡屋顶中应用较为广泛,主要有水泥瓦与黏土瓦两种。瓦通常为长 380～420mm,宽 240mm,净厚 20mm。与平瓦配合使用的还有脊瓦,用作屋脊处的防水。平瓦下部设有挂瓦钩,可以挂在挂瓦条上防止下滑,中间突出部位穿有小孔,在风速大的地区或屋面坡度较陡时,可用铅丝将瓦绑扎在挂瓦条上。

平瓦屋面分为冷摊瓦屋面、实铺瓦屋面和钢筋混凝土挂瓦板屋面。

冷摊瓦屋面是指在椽子上钉固挂瓦条后直接挂瓦,如图 7-17 所示。这种构造简单经济,但因瓦缝容易渗漏雨雪而保温效果较差。

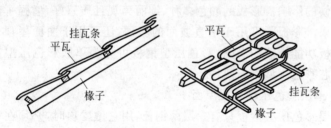

图 7-17　冷摊瓦屋面

实铺瓦屋面是在檩条或椽条上铺一层 20mm 厚的木塑板,在木塑板上铺一层从檐口到屋脊且平行于屋脊的防水卷材,搭接长度不小于80mm,用顺水条钉牢,在顺水条上钉挂瓦条并挂瓦,如图 7-18 所示。实铺瓦屋面具有防水性能好、保温隔热性能强等优点。

钢筋混凝土挂瓦板屋面是将钢筋混凝土挂瓦板直接搁置在横墙或屋架上,直接在挂瓦板上挂瓦。挂瓦板是将檩条、木望板和挂瓦条等部件的功能合为一体的预制钢筋混凝土构件。挂瓦板屋面坡度不小于1∶2.5,且挂瓦板两端预留小孔,套在砖墙或屋架上的预埋钢筋头上加以固定,并用 1∶3 水泥砂浆填实,其构造如图 7-19 所示。

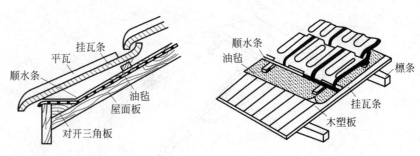

图 7-18 实铺瓦屋面

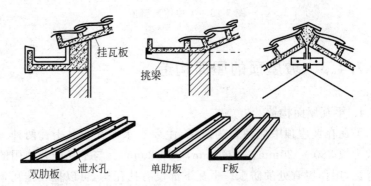

图 7-19 钢筋混凝土挂瓦板屋面

知识扩展：

本章依据《坡屋面工程技术规范》(GB 50693—2011)编写：

3.3.11 施工的每道工序完成后，应检查验收并有完整的检查记录，合格后方可进行下道工序的施工。下道工序或相邻工程施工时，应对已完工的部分做好清理和保护。

3.3.12 坡屋面工程施工应符合下列规定：

1 屋面周边和预留孔洞部位必须设置安全护栏和安全网或其他防止坠落的防护措施；

2 屋面坡度大于30%时，应采取防滑措施；

3 施工人员应戴安全帽，系安全带和穿防滑鞋；

4 雨天、雪天和五级风及以上时不得施工；

5 施工现场应设置消防设施，并应加强火源管理。

2. 彩色压型钢板屋面

彩色压型钢板屋面简称彩板屋面，近年来广泛应用于大跨度建筑，具有自重轻、强度高、安装方便等特点。彩板主要采用螺栓连接，不受季节气候的影响。彩板的颜色多种、绚丽美观且质感好，增强了建筑的艺术效果。彩板既可用于平直坡面的屋顶，还可用于曲面屋顶。根据压型钢板功能构造的不同，彩色压型钢板可分为单层彩色压型钢板和保温夹芯彩色压型钢板两种。

1）单层彩色压型钢板屋面

单层彩色压型钢板只有一层薄钢板，用它做屋顶时，必须在室内一侧做保温层。单层彩板根据断面形式的不同，可分为波形板、梯形板、带肋梯形板。波形板和梯形板的力学性能不够理想，为了提高彩板的强度和刚度，应在梯形板的上、下翼和腹板上增加纵向凹凸槽，起加劲肋的作用，再增加横向肋，形成纵横向带肋梯形板。

单彩板屋顶是将彩色压型钢板直接支承于檩条上。檩条通常为槽钢、工字钢或轻钢檩条，其间距一般为 1.5～3.0m，视屋顶板型号而定。屋顶板的坡度一般不小于3°，与降雨量、板型、挤缝方式有关。

屋顶板通过不锈钢或镀锌螺钉、螺栓等紧固件与檩条连接，将单彩板固定在檩条上，螺钉一般在单彩板的波峰上，钉帽采用带橡胶垫的不锈钢垫圈以防钉孔处渗漏。当单彩板的高度超过35mm时，彩板应先连接在铁架上，再连接铁架与檩条，其构造如图7-20所示。

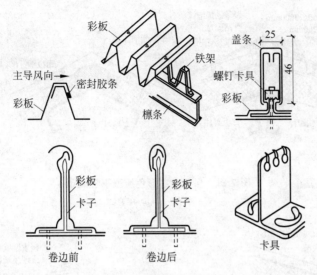

图 7-20　单层彩板屋面构造

2) 保温夹芯彩色压型钢板屋面

保温夹芯彩色压型钢板是由两层彩色涂层钢板为表层，以硬质阻燃自熄型聚氨酯泡沫（或聚乙烯泡沫等）为芯材，通过加压、加热固化制成的组合材料，具有保温、防水、装饰、承压等多种功能，主要适用于公共建筑、工业厂房的屋顶。

保温夹芯彩色压型钢板屋面坡度一般为 1/20～1/6，在腐蚀环境中，屋顶坡度不应小于 1/12。在檩条与保温夹芯板的连接中，为保证屋面不发生翘曲，每块板至少应有 3 个支承檩条。

在斜交屋脊线处，为保证夹芯板的斜端头有支承，必须设置斜向檩条。铺设时，应先沿屋脊线在相邻两个檩条上铺托脊板，在托脊板上放置屋面板，用螺栓将屋面板、托脊板、檩条固定；再向两坡屋面板沿屋脊形成的凹形空间内填塞聚氨酯泡沫条，并在两坡屋面板端头粘好聚乙烯泡沫堵头；最后用铝拉铆钉将屋脊盖板、挡水板固定，并加通长胶带，钉头用密封胶封死。顺坡连接缝和屋脊缝主要以构造防水，横坡连接缝顺水搭接，并用防水材料密封，其构造如图 7-21 所示。

铺设檐口处的夹芯板时，应沿夹芯板端头铺设封檐板并固定。在屋面板与山墙相接处，应沿墙采用通长轻质聚氨酯泡沫条或现浇聚氨酯发泡密封，屋面板外侧与山墙顶部用包角板统一封包，包角板顶部向屋面一侧设 2% 坡度，如图 7-22 所示。

3. 金属瓦屋面构造

金属瓦屋面是用镀锌铁皮或铝合金瓦做防水层，由檩条、木望板做基层的一种屋面。它具有自重轻、耐久性好、防水性好、施工方便、较强装饰性等特点，近年来被广泛用于宾馆、饭店、游艺场馆、大型商场、车

知识扩展：

本章依据《全国民用建筑工程设计技术措施——规划·建筑·景观》编写：

7.8 瓦屋面

7.8.1 凡质量合格的屋面瓦材，均应视为一道防水。

当瓦屋面的瓦下设有防水垫毡时，如防水垫毡的材料、厚度及铺设方式满足一道防水要求时，该防水垫毡可视为一道防水。如不能满足一道防水要求时，则仅能作为辅助措施而不能当作一道防水考虑。

7.8.2 块瓦屋面的铺设方式有挂瓦（钢或木挂瓦条）及水泥砂浆卧瓦两种，宜优先采用挂瓦方式。

7.8.3 块瓦及沥青瓦单独使用时，其防水等级为Ⅲ级，当与防水卷材或涂膜复合使用时，其防水等级为Ⅱ级。

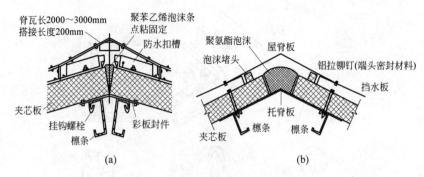

图 7-21　保温夹芯彩色压型钢板屋顶

(a) 屋脊一；(b) 屋脊二

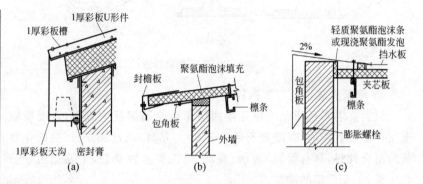

图 7-22　保温夹芯彩板屋面檐口构造

(a) 檐沟铺设示意图；(b) 檐口铺设示意图；(c) 屋面板与山墙交接处示意图

知识扩展：

本章依据《全国民用建筑工程设计技术措施——规划·建筑·景观》编写：

7.8.4　块瓦屋面（含各种形式的混凝土瓦及烧结瓦等）在构造上应有阻止瓦片和其下的保温层、找平层等滑落的措施，如采用将檐口部分上翻等措施。

7.8.5　块瓦上必须预留钉或绑扎瓦所需的孔眼。为防止瓦片堕落，一般情况下，沿檐口两行、屋脊两侧的一行和沿山墙的一行瓦，必须采用钉或绑的固定措施。

7.8.6　当块瓦屋面坡度大于 50%（≈27°）、位于大风区或地震设防地区，则所有的瓦片均需固定。

7.8.7　瓦屋面檐沟宜为现浇钢筋混凝土、聚氯乙烯成品或金属成品。

7.8.8　当瓦屋面的找平层位于保温层之上时，则应与保温层下的钢筋混凝土基层有可靠的构造连接措施，如在混凝土板上伸出预留钢筋与找平层（卧瓦层）内的钢筋（丝）网连接等。

站、体育场馆、飞机场等建筑的屋面。

金属瓦材厚度为 1mm 左右，通常较薄。铺设时，先在檩条上铺木望板，再在木望板上干铺一层卷材作为第二道防水层，然后用镀锌螺钉将金属瓦固定在木望板上。金属瓦间的拼缝通常采取相互交搭卷折成咬口缝的形式以避免雨水渗漏。

咬口缝可分为竖缝咬口缝（平行于屋面水流方向）和横缝平咬口缝（垂直于屋面水流方向）两种，分别如图 7-23 和图 7-24 所示。

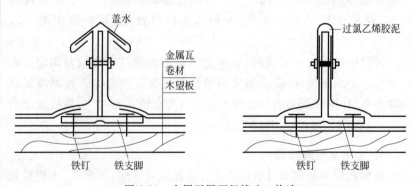

图 7-23　金属瓦屋面竖缝咬口构造

平咬口缝又分为单平咬口缝(屋面坡度大于 30%)和双平咬口缝(屋面坡度小于 30%),如图 7-24 所示。在木望板上钉铁支脚,然后将金属瓦的边折卷固定在铁支架上,使竖缝咬口缝保持竖直,支脚和螺钉采用同一材料为佳。为避免雷击,所有金属瓦必须相互连通导电,并与避雷针或避雷带连接。

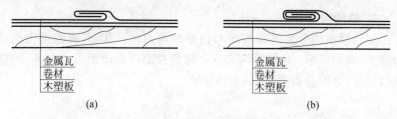

图 7-24　金属瓦屋面平咬口缝构造

(a)单平咬口缝;(b)双平咬口缝

7.4.4　坡屋顶的细部构造

1. 檐口构造

平瓦屋面的檐口一般为挑出檐口,主要有以下几种构造做法。

砖挑檐口是在檐口处将砖逐皮向外挑出 1/4 砖长,直到挑出总长度不大于墙厚的一半时为止,如图 7-25(a)所示。

屋面板挑檐是将屋面板直接挑出,挑出长度一般不大于 300mm,如图 7-25(b)所示。

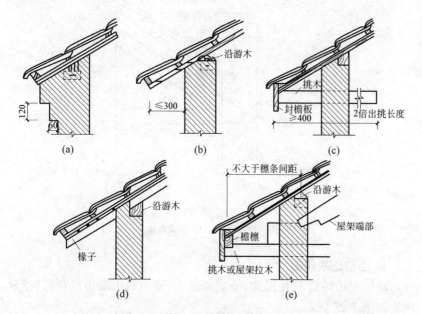

图 7-25　檐口细部构造(单位:mm)

(a)砖挑檐;(b)屋面板挑檐;(c)挑檐木挑檐;(d)椽子挑檐;(e)挑檩挑檐

知识扩展:

　　本章依据《全国民用建筑工程设计技术措施——规划·建筑·景观》编写:

7.8.9　当采用砂浆卧瓦铺设平瓦时,则应按本节第 7.8.5 条和第 7.8.6 条的规定,将瓦片与砂浆内的钢筋绑牢,此时钢筋网的水平钢筋间距应与挂瓦所需的间距相吻合。

7.8.10　沥青瓦的找平层宜为细石混凝土,其厚度不应小于 30mm。

　　挑檐木挑檐是将挑檐木置于屋架下出挑，如图7-25(c)所示。

　　椽木挑檐是椽木直接出挑，挑出长度一般不大于300mm，如图7-25(d)所示。

　　挑檩挑檐是在檐墙外面的檐口下面加一个檩条，在屋架下弦间加一个托木，以平衡挑檐的重量，如图7-25(e)所示。

2. 檐沟构造

　　坡屋顶檐沟分为挑檐檐沟和包檐檐沟两种。其中，挑檐檐沟构造如图7-26(a)所示；包檐檐沟实际上是将檐墙砌出屋面形成女儿墙，将檐口包住，其构造如图7-26(b)所示。

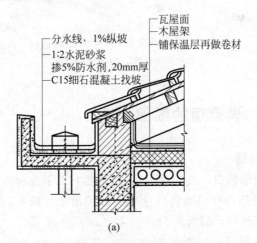

瓦屋面
木屋架
铺保温层再做卷材

分水线，1%纵坡
1:2水泥砂浆
掺5%防水剂，20mm厚
C15细石混凝土找坡

(a)

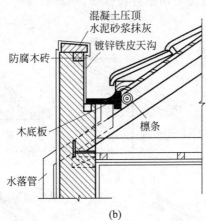

混凝土压顶
水泥砂浆抹灰
镀锌铁皮天沟
防腐木砖
木底板
檩条
水落管

(b)

图7-26　檐沟构造

(a) 挑檐檐沟；(b) 包檐檐沟

3. 山墙泛水构造

　　坡屋顶山墙有三种形式，分别为悬山、硬山和山墙出屋顶，其泛水构造如图7-27所示。

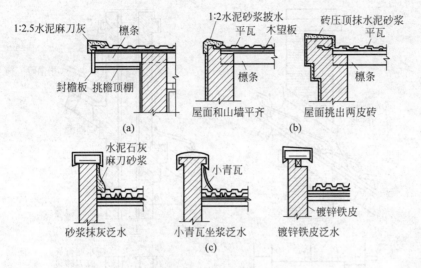

图 7-27　山墙泛水构造

（a）悬山；（b）硬山；（c）山墙出屋顶

4. 屋脊与斜天沟构造

坡屋顶屋脊通常用 1∶2 水泥砂浆座浆铺脊瓦，斜天沟可用弧形瓦或镀锌铁皮、缸瓦制作，如图 7-28 所示。

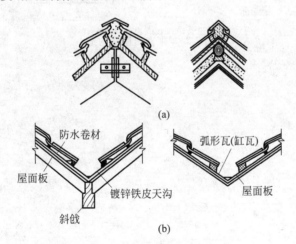

图 7-28　坡屋面屋脊与斜天沟构造

（a）屋脊；（b）斜天沟

5. 烟囱出屋面处泛水构造

烟囱穿过屋面，防水与防火是其关键问题。防火规范规定，木基层与烟囱内壁应保持一定距离，烟囱外壁做出挑，高度一般不小于 370mm。交接处应做泛水以防雨水从四周渗漏，常用水泥石灰麻刀砂浆抹面做泛水。若泛水采用镀锌铁皮，其做法是将烟囱与屋面交接处上方的铁皮插入瓦下，下方的铁皮盖在瓦上，如图 7-29 所示。

知识扩展：

本章依据《全国民用建筑工程设计技术措施——规划·建筑·景观》编写：

6.3.3　编织式天沟构造应符合下列规定：

1　沿天沟中心线铺设一层宽度不小于 1000mm 的防水垫层附加层，将外边缘固定在天沟两侧；防水垫层铺过中心线不应小于 100mm，相互搭接满粘在附加层上；

2　在两个相互衔接的屋面上同时向天沟方向铺设沥青瓦至距天沟中心线 75mm 处，再铺设天沟上的沥青瓦，交叉搭接。搭接的沥青瓦应延伸至相邻屋面 300mm，并在距天沟中心线 150mm 处用固定钉固定。

6.3.4　敞开式天沟构造应符合下列规定：

1　防水垫层铺过中心线不应小于 100mm，相互搭接满粘在屋面板上；

2　铺设敞开式天沟部位的泛水材料，应采用不小于 0.45mm 厚的镀锌金属板或性能相近的防锈金属材料，铺设在防水垫层上；

3　沥青瓦与金属泛水用沥青基胶黏材料黏结，搭接宽度不应小于 100mm。沿天沟泛水处的固定钉应密封覆盖。

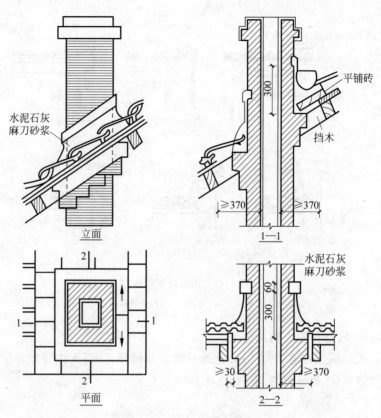

图 7-29 烟囱出屋面构造

第 8 章

变 形 缝

8.1 变形缝的作用

昼夜温差、不均匀沉降以及地震等外界因素的影响，可使建筑物发生变形和开裂，甚至引起结构破坏，影响建筑物的安全性。为避免这些情况发生，在构造处理上，除了加强建筑房屋的整体性，使其具有足够的强度和刚度，还应在建筑结构变形的敏感部位或其他必要的部位预先设缝，从而将整个建筑物沿全高断开，令断开后建筑物的各部分成为独立的单元，或者是划分为简单、规则、均一的段，并令各段之间的缝达到一定的宽度，以能够适应各部分自由变形、互不干扰的需要。根据外界破坏因素的不同，可把变形缝分三种，即伸缩缝（温度缝）、沉降缝和防震缝。

伸缩缝也叫温度缝，是考虑温度变化时对建筑物的影响而设置的。冬、夏和昼、夜之间的温度变化，会引起建筑物构配件因热胀冷缩而产生附件压力和变形。为了避免这种因温度变化引起的破坏，通常沿建筑物长度方向每隔一定距离预留一定宽度的缝隙。

沉降缝是为了预防建筑各部分因为不均匀沉降引起的破坏而设置的变形缝。

防震缝将建筑物分割成体型规则、结构刚度均匀的独立单元，以防止在地震力的作用下由结构刚度和体型差异而引起结构破坏。

因此，墙体变形缝的构造要保证建筑物各部分能够自由变形。在外墙处，应做到不透风、不渗水，能够保温隔热，缝内需用防水、防腐、耐久性好、有弹性的材料填充如沥青麻丝、玻璃棉毡、泡沫塑料等。

知识扩展：

本章依据《民用建筑设计通则》（GB 50352—2005）编写：

6.9.5 外墙应防止变形裂缝，在洞口、窗户等处采取加固措施。

6.9.6 变形缝设置应符合下列要求：

1 变形缝应按设缝的性质和条件设计，使其在产生位移或变形时不受阻，不被破坏，并不破坏建筑物。

2 变形缝的构造和材料应根据其部位需要分别采取防排水、防火、保温、防老化、防腐蚀、防虫害和防脱落等措施。

8.2 伸缩缝构造

8.2.1 伸缩缝的设置要求

伸缩缝的主要作用是避免由于温差和混凝土收缩而使房屋结构

8-1 伸缩缝、沉降缝、防震缝

产生严重的变形和裂缝。伸缩缝将基础以上的建筑构件全部分开，在两部分之间留出缝隙，以保证缝隙两侧的建筑构件在水平方向能够自由伸缩，缝宽一般为 20～30mm。基础部分因受温度变化影响较小，不需断开。伸缩缝一般设置于超长或超宽建筑物上，如图 8-1 所示。

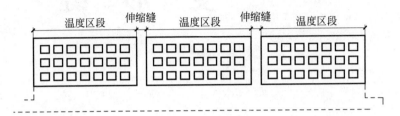

图 8-1　伸缩缝

知识扩展：

　　本章依据《民用建筑设计通则》（GB 50352—2005）编写：

2　术语

2.0.25　变形缝 deformation joint

　　为防止建筑物在外界因素作用下，结构内部产生附加变形和应力，导致建筑物开裂、碰撞甚至破坏而预留的构造缝，包括伸缩缝、沉降缝和防震缝。

伸缩缝的设置间距与建筑物所用的结构材料、结构类型、施工方式、建筑所处环境等因素有关。砌体房屋和钢筋混凝土结构房屋的伸缩缝最大设置间距如表 8-1 和表 8-2 所示。

表 8-1　砌体房屋伸缩缝的最大间距　　　　　　　　　m

屋盖或楼盖类别		间距
整体式或装配整体式钢筋混凝土结构	有保温层或隔热层的屋盖、楼盖	50
	无保温层或隔热层的屋盖	40
装配式无檩体系钢筋混凝土结构	有保温层或隔热层的屋盖、楼盖	60
	无保温层或隔热层的屋盖	50
装配式有檩体系钢筋混凝土结构	有保温层或隔热层的屋盖	75
	无保温层或隔热层的屋盖	60
瓦材盖、木屋盖或楼盖、轻钢屋盖		

注：

　　1. 对于烧结普通砖、多孔砖、配筋砌块砌体房屋，可从表中取值；对于石砌体、蒸压粉煤灰砖和混凝土砌块房屋，应取表中数值乘以系数 0.8。当有实践经验并采取有效措施时，可不遵守本表规定。

　　2. 在钢筋混凝土屋面上挂瓦的屋盖应按钢筋混凝土屋盖采用。

　　3. 按本表设置的墙体伸缩缝，一般不能同时防止由于钢筋混凝土屋盖的温度变形和砌体干缩变形引起的墙体局部裂缝。

　　4. 层高大于 5m 的烧结普通砖、多孔砖、配筋砌块砌体单层房屋，其伸缩缝间距可按表中数值乘以 1.3。

　　5. 对于温差较大而变化频繁的地区，严寒地区不采暖的房屋，以及构筑物墙体的最大间距，应按表中数值予以适当减小。

　　6. 墙体的伸缩缝应与结构的其他变形缝相重合，在进行立面处理时，必须保证缝隙的伸缩作用。

知识扩展：

　　本章依据《地下防水工程质量验收规范》（GB 50208—2011）编写：

5.2.4　后浇带应设在受力和变形较小的部位，其间距和位置应按结构设计要求确定，宽度宜为 700～1000mm。

表 8-2　钢筋混凝土结构房屋伸缩缝的最大间距　m

项次	结构类型		室内或土中	露天
1	排架结构	装配式	100	70
2	框架结构	装配式	75	50
		现浇式	55	35
3	剪力墙结构	装配式	65	40
		现浇式	45	30
4	挡土墙及地下室墙壁等结构	装配式	40	30
		现浇式	30	20

注:

1. 装配整体式结构房屋的伸缩缝宜按表中现浇式的数值取用。

2. 框架-剪力墙结构或框架-核心筒结构房屋的伸缩缝间距可按结构的具体布置情况取表中框架结构或剪力墙结构之间的数值。

3. 当屋面无保温层或隔热措施时,框架结构、剪力墙结构的伸缩缝宜按表中露天栏的数值计取。

4. 现浇挑檐、雨罩等外露结构的伸缩缝间距不宜大于12m。

8.2.2　伸缩缝的构造要求

伸缩缝是将建筑物的墙体、楼层、屋顶等地面以上部分的构件在结构和构造上全部断开,由于基础埋在地下,受温度变化较小,不必断开。

1. 墙体伸缩缝的构造

在砖混结构处理上,墙体伸缩缝的结构构造包括单墙方案和双墙方案。其中,单墙方案的特点为墙体未能闭合,对抗震不利,可以在非震区使用,如图 8-2(a)所示;双墙方案的特点为各温度区段可组成完整的闭合墙体,对抗震有利,如图 8-2(b)所示。

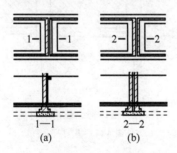

图 8-2　墙体伸缩缝的结构构造

(a) 单墙方案;(b) 双墙方案

根据墙体的厚度和所用材料的不同,伸缩缝可做成平缝、错口缝、企口缝等形式,如图 8-3 所示。伸缩缝宽度一般为 20～30mm。为减少外界环境对室内环境的影响及考虑立面处理的要求,需对伸缩缝做嵌缝和盖缝处理,外墙伸缩缝内应填塞具有防水、保温和防腐性能的弹性材料，如沥青麻丝、泡沫塑料条、橡胶条、油膏等，如图 8-4(a)所示。内侧缝口通常用具有一定装饰效果的木质盖缝条、金属片或塑料片遮盖，仅一边固定在墙上，如图 8-4(b)所示。

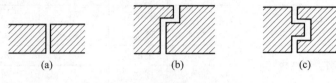

图 8-3 墙体伸缩缝的构造

(a) 平缝；(b) 错口缝；(c) 企口缝

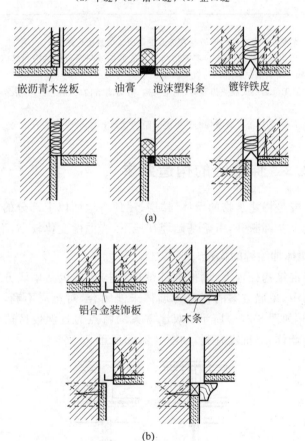

嵌沥青木丝板   油膏   泡沫塑料条   镀锌铁皮

(a)

铝合金装饰板   木条

(b)

图 8-4 墙体伸缩缝内填材料

(a) 外侧缝口；(b) 内侧缝口

2. 楼地板伸缩缝构造

楼地层变形缝的位置和宽度应与墙体变形缝一致。

变形缝一般贯通楼地面各层，缝内采用具有弹性的油膏、金属调节片、沥青麻丝等材料做嵌缝处理，面层和顶棚应加设不妨碍构件之间变形需要的盖缝板，盖缝板的形式和色彩应与室内装修协调，如图 8-5 所示。

3. 屋面伸缩缝构造

1）柔性防水屋面变形缝

不上人屋面变形缝，一般是在缝两侧各砌半砖厚矮墙，并做好屋面防水，矮墙顶部用镀锌薄钢板或混凝土盖板，如图8-6所示。

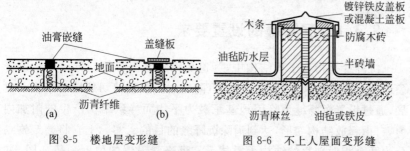

图8-5 楼地层变形缝
（a）地面油膏嵌缝；（b）地面钢板盖缝

图8-6 不上人屋面变形缝

为便于行走，上人屋面变形缝两侧一般不砌小矮墙，此时应切实做好屋面防水，避免雨水渗漏，如图8-7所示。

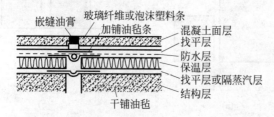

图8-7 上人屋面变形缝

在变形缝内部、应当用具有自防水功能的柔性材料来塞缝，如挤塑型聚苯板、沥青麻丝、橡胶条等，以防止热桥的产生。目前在工程中大量应用成品型盖缝构件，如图8-8所示。

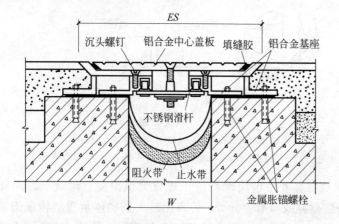

图8-8 屋面成品变形缝盖缝板构造

知识扩展：

本章依据《机械工业厂房建筑设计规范》（GB 50681—2011）编写：

6.3 台阶、坡道、散水及明沟

6.3.5 散水坡度宜为3‰～5‰。当采用混凝土散水时，宜按每10m设置伸缩缝，房屋转角处应做45°缝。散水与外墙交接处应设缝，缝宽宜为20mm，缝内应填嵌缝膏。

6.3.6 湿陷性黄土地区建筑物四周应设散水，其坡度不得小于5‰；散水外缘宜高于平整后的场地。

6.3.7 湿陷性黄土地区散水应采用现浇混凝土，其垫层应设置厚150mm的3：7灰土或厚300mm的夯实素土，垫层的外缘应超出散水和建筑物外墙基底外缘500mm。

散水坡度不应小于5‰，宜每隔6～10m设置伸缩缝。散水与外墙交接处和散水的伸缩缝缝宽宜为20mm，缝内应填嵌缝膏。

2）刚性防水屋面变形缝

刚性防水屋面变形缝的构造与柔性防水屋面的做法基本相同，只是防水材料不同。

8.3　沉降缝构造

8.3.1　沉降缝的设置要求

沉降缝是指在工程结构中，为避免因地基沉降不均导致结构沉降裂缝而设置的永久性的变形缝。沉降缝主要控制剪切裂缝的产生和发展，通过设置沉降缝消除因地基承载力不均而导致结构产生的附加内力，自由释放结构变形，达到消除沉降缝的目的。实际上它将建筑物划分为两个相对独立的结构承重体系。沉降缝设置的位置一般如图 8-9 所示。

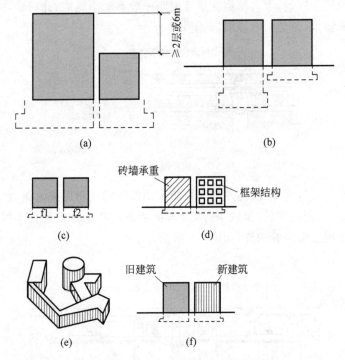

图 8-9　沉降缝设置的部位

(a) 高差 2 层或 6m 以上；(b) 埋深相差较大；(c) f1≫f2；
(d) 结构类不同；(e) 建筑平面形状复杂；(f) 与旧建筑毗邻

建筑物有下列情况时均应考虑设置沉降缝：建筑平面的转折部位；高度差异或荷载差异处；长高比过大的砌体承重结构或钢筋混凝土框架的适当部位；地基土的压缩性有显著差异处；建筑结构或基础类型不同处；分期建造房屋的交界处。

知识扩展：

本章依据《全国民用建筑工程设计技术措施——规划·建筑·景观》编写：

3.2　地下室防水

3.2.12　面向下沉空间的地下室和周边室外地坪标高不同的地下室防水设计

2　地下结构主体后浇带

（1）后浇带宜用于不允许留设变形缝的工程部位。后浇带应采用补偿收缩混凝土浇筑，其抗渗和抗压强度等级不应低于两侧混凝土的要求。后浇带应设在受力和变形较小的部位，间距按结构设计要求确定，宽度一般为 700~1000mm。

（2）后浇带可做成平直缝或阶梯缝，结构主筋不宜在缝中断开。

（3）当后浇带需超前止水时，后浇带部位混凝土应局部加厚，并应增设外贴式或中埋式止水带。

沉降缝的做法与伸缩缝不同,它要求在沉降缝处将基础连同上部结构完全断开,自成独立单元。

沉降缝的设置宽度根据地基土壤性质及房屋高度确定。一般地基土越软弱,建筑高度越大,沉降缝宽度越大;反之,宽度就越小。不同地基条件下的沉降缝宽度如表 8-3 所示。

表 8-3 沉降缝的设置宽度

地基情况	建筑物高度	沉降缝宽度/mm
一般地基	H 小于 5m	30
	$H=5\sim10m$	50
	$H=10\sim15m$	70
软弱地基	2～3 层	50～80
	4～5 层	80～120
	5 层以上	大于 120
湿陷性黄土		大于 30～70

8.3.2 沉降缝的构造要求

1. 基础沉降缝

为满足建筑物各部分在垂直方向的自由变形,保证沉降缝两侧的建筑能够各自成为独立的单元,每个单元各自沉降,彼此不受制约,要求沉降缝从基础到屋顶全部断开。

双墙式基础(图 8-10(a))是在沉降缝两侧均设置承重墙,墙下有各自的基础,以保证每个结构单元都有连续封闭的基础和纵横墙。这种结构整体性好、刚度大,但基础偏心受力,并在沉降时相互影响,适用于

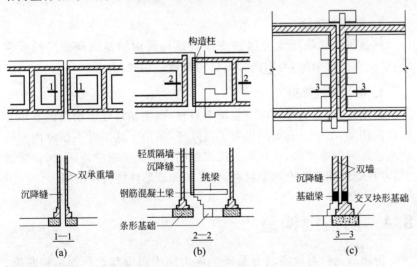

图 8-10 基础沉降缝处理示意

(a) 双墙式沉降缝;(b) 挑梁式基础沉降缝;(c) 交叉式基础沉降缝

低矮、耐久等级低且地质条件较好的情况，双墙式处理方案施工简单，造价低，但易出现两墙之间间距较大或基础偏心受压的情况，因此常用于基础荷载较小的房屋。

挑梁式处理方案（图8-10(b)）是将沉降缝一侧的墙和基础按一般构造做法处理，而另一侧则采用挑梁支承基础梁，基础梁上支承轻质墙的做法。

交叉式处理方案（图8-10(c)）是将沉降缝两侧的基础均做成墙下独立基础，交叉设置，在各自的基础上设置基础梁以支承墙体。这种做法受力明确，效果较好，但施工难度大，造价也较高。

2. 墙体沉降缝

墙体沉降缝与伸缩缝基本相同，只是调节片或盖缝板在构造上需要保证两侧结构在竖向相对变位不受约束，一般外侧缝口宜根据缝的宽度不同，采用两种形式的金属调节片盖缝，如图8-11所示，内墙沉降缝及外墙内侧缝口的盖缝同伸缩缝。

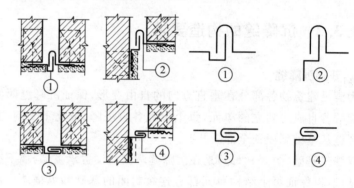

图 8-11 墙体沉降缝的构造

3. 屋顶沉降缝

屋顶沉降缝除泛水金属铁皮或其他构件应满足沉降变形的要求外，还应有维修余地，与屋顶伸缩缝构造做法相同。

4. 楼地面沉降缝

必须注意，在沉降缝内不能填塞材料，以免妨碍建筑物两侧各单元的自由移动，不少工程虽然设置了沉降缝，但由于施工时不慎缝内被砖块或砂浆等杂物堵塞，往往失去沉降缝的作用。在寒冷地区，因保暖需要，可在缝的侧面填充保温材料，但必须保证墙体能自由沉降。

8.4 防震缝构造

防震缝是针对地震时容易产生应力集中而引起建筑物结构断裂、破坏的部位而设置的缝。将建筑物分割成体型规则，结构刚度均匀的独立单元，可以防止在地震力的作用下由结构刚度和体型差异而引起的结构破坏。

8.4.1 防震缝的设置要求

对于多层砌体建筑,当遇到以下情况时,应结合抗震设计规范要求设置防震缝:房屋立面高差在 6m 以上;房屋有错层,且楼板高差较大;各部分结构刚度、质量截然不同时;建筑平面形体复杂且有较长的凸出部分时,如 L 形、U 形、T 形、山形等,应设缝将它们分开,使各部分平面形成简单规整的独立单元,如图 8-12 所示。

知识扩展:

本章依据《建筑地基基础设计规范》(GB 50007—2011)编写:

3 当高层建筑与相连的裙房之间不设沉降缝和后浇带时,高层建筑及与其紧邻一跨裙房的筏板应采用相同厚度,裙房筏板的厚度宜从第二跨裙房开始逐渐变化,应同时满足主、裙楼基础整体性和基础板的变形要求;应进行地基变形和基础内力的验算,验算时应分析地基与结构间变形的相互影响,并采取有效措施防止产生有不利影响的差异沉降。

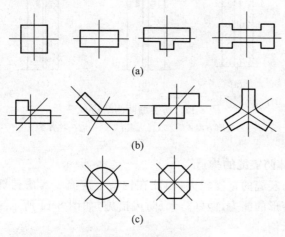

图 8-12　复杂平立面
(a)简单平面;(b)复杂平面;(c)塔形平面

复杂平立面不利于建筑抗震,设计时,应在几个主轴方向使结构布置均匀,尽量使结构刚度中心靠近质量中心,减小偏心扭转。

防震缝宽度一般根据所在地区的抗震烈度和建筑物的高度来确定。一般多层砌体结构建筑的缝宽为 50~100mm,多层钢筋混凝土框架结构中,建筑物高度在 15m 及 15m 以下时,缝宽为 70mm。

当建筑物高度超过 15m 时,按抗震烈度在缝宽 70mm 的基础上增大的缝宽规定如下:6 度、7 度、8 度和 9 度相应每增加高度 5m、4m、3m 和 2m,宜加宽 20mm。

框架-抗震墙结构房屋的防震缝宽度可采用上述规定的数值的 70%,抗震墙结构房屋的防震缝宽度可采用上述规定的数值的 50%;且均不小于 70mm。

防震缝两侧结构类型不同时,宜按需要较宽防震缝的结构类型和较低房屋高度确定缝宽。

此外,凡是需做伸缩缝、沉降缝的地方,均应做成防震缝,防震缝应沿房屋全高设置,两侧应布置墙。一般防震缝的基础可不断开,只是兼做沉降缝时才将基础断开。

8.4.2 防震缝的构造要求

1. 防震缝两侧结构的布置

防震缝沿建筑的全高布置,缝的两侧应布置成墙或柱,形成双墙、双柱或一墙一柱,使各部分封闭,增加刚度,如图8-13所示。

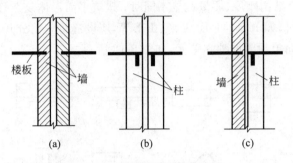

图 8-13 防震缝两侧结构布置

(a)双墙方案;(b)双柱方案;(c)一墙一柱方案

2. 墙体防震缝的构造

由于防震缝的宽度较大,因此在构造上应充分考虑盖缝条的牢固性和适应变形的能力,做好防水、防风措施,如图8-14所示为墙身防震缝的构造示例。

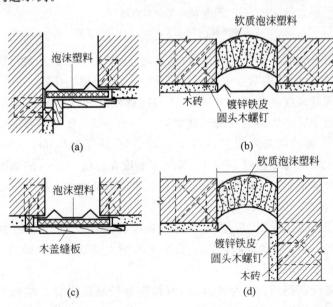

图 8-14 防震缝的构造

(a)内墙转角;(b)外墙平缝;(c)内墙平缝;(d)外墙转角

在防震缝处,应用双墙使缝两侧的结构封闭,其构造要求与伸缩缝相同,但不应做错口缝和企口缝,缝内不填任何材料。由于防震缝的宽

知识扩展:

本章依据《建筑抗震设计规范》(GB 50011—2010)编写:

6.1 一般规定

6.1.4 钢筋混凝土房屋需要设置防震缝时,应符合下列规定:

1 防震缝宽度应分别符合下列要求:

(1)框架结构(包括设置少量抗震墙的框架结构)房屋的防震缝宽度,当高度不超过15m时,不应小于100mm;高度超过15m时,6度、7度、8度和9度分别每增加高度5m、4m、3m和2m,宜加宽20mm。

(2)框架-抗震墙结构房屋的防震缝宽度不应小于本款(1)项规定数值的70%;抗震墙结构房屋的防震缝宽度不应小于本款(1)项规定数值的50%;且均不宜小于100mm。

(3)防震缝两侧结构类型不同时,宜按需要较宽防震缝的结构类型和较低房屋高度确定缝宽。

度较大,构造上更应注意盖缝的牢固、防风沙、防水和保温等问题。

8.5 后浇带构造

1. 后浇带的概念和作用

在高层建筑物中,由于功能和造型的需要,往往把高层主楼与低层裙房连在一起,裙房包围了主楼的大部分。从传统的结构观点看,希望将高层与裙房脱开,这就需要设置变形缝;但从建筑要求看,又不希望设置缝。因为设缝会出现双梁、双柱、双墙,使平面布局受局限,因此施工后浇带法便应运而生。

施工后浇带是整个建筑物,包括基础及上部结构施工中的预留缝("缝"很宽,故称为"带"),即后浇带是在现浇整体钢筋混凝土结构中,只在施工期间留存的临时性带形缝,根据工程需要,保留一定时间后,再用混凝土浇筑密实成为连续整体的结构,待主体结构完成,将后浇带混凝土补齐后,这种"缝"即不存在。

后浇带既可解决沉降差,又可减少收缩应力,故在工程中应用较多。

2. 后浇带的设置要求和分类

后浇带宜用于不允许留设变形缝的工程部位,应在其两侧混凝土龄期达到 42d 后再施工;高层建筑的后浇带施工应按规定时间进行。应采用补偿收缩混凝土浇筑,其抗渗和抗压强度等级不应低于两侧混凝土。

后浇带的留置宽度一般为 700～1000mm,现常见的有 800mm、1000mm、1200mm 三种。因后浇带的缝宽与墙、板的厚度密切相关,在设计后浇带的缝宽时,应作如下考虑,如表 8-4 所示。

表 8-4 后浇带缝宽   mm

位置	厚度	缝宽
墙板	<200	800
	>200	<1000
地下室底板	<1000	1000
	>1000 且 <1500	1000
	>1500	1200

对后浇带接缝处的断面形式,应根据墙板厚度具体情况进行处理,如图 8-15 所示。一般对于厚度小于 300mm 的墙板,可做成直缝;对于厚度大于 300mm(但不超过 600mm)的墙板,可做成阶梯形或上下对称坡口形,对于厚度大于 600mm 的墙板,可做成凹形或多边凹形的形式。

后浇带有以下几种类型:

(1) 沉降后浇带:为解决高层建筑与裙房之间的沉降差而设置的

> **知识扩展:**
>
> 本章依据《建筑抗震设计规范》(GB 50011—2010)编写:
>
> 2 8度、9度框架结构房屋防震缝两侧结构层高相差较大时,防震缝两侧框架柱的箍筋应沿房屋全高加密,并可根据需要在缝两侧沿房屋全高各设置不少于两道垂直于防震缝的抗撞墙。抗撞墙的布置宜避免加大扭转效应,其长度可不大于1/2层高,抗震等级可同框架结构;框架构件的内力应按设置和不设置抗撞墙两种计算模型的不利情况取值。

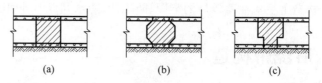

图 8-15　后浇带构造图

(a) 直缝式；(b) 企口式；(c) T字式

后浇施工缝。

（2）收缩后浇带：为防止混凝土凝结收缩开裂而设置的后浇施工缝。

（3）温度后浇带：为防止混凝土因温度变化造成开裂而设置的后浇施工缝。

（4）伸缩后浇带：为防止因建筑面积过大，结构因温度变化，混凝土收缩开裂而设置的后浇施工缝。

3. 后浇带的构造要求

一般高层主楼与低层裙房的基础同时施工，这样回填土后场地平整，便于上部结构施工。对于上部结构，无论是高层主楼与低层裙房同时施工，还是先施工高层，后施工低层，同样要按施工图预留施工后浇带。

对于高层主楼与低层裙房连接的基础梁、上部结构的梁和板，要预留出施工后浇带，待主楼与裙房主体完工后（有条件时再推迟一些时间），再用微膨胀混凝土将它浇筑起来，使两侧地梁、上部梁和板连接成一个整体。这样做是为了把高层与低层的差异沉降放过一部分，因为高层主楼完成之后，一般情况下，其沉降量已完成最终沉降量的60%～80%，剩下的沉降量较小，这时再补齐施工后浇带混凝土，二者差异沉降量就较小一些，这部分差异沉降引起的结构内力，可由不设永久变形缝的结构承担。对于施工后浇收缩带，宜在主体结构完工两个月后浇筑混凝土，这时估计混凝土的收缩量已完成60%以上。

施工后浇带的位置宜选在结构受力较小的部位，一般在梁、板的变形缝反弯点附近，此处弯矩和剪力都不大；也可选在梁、板的中部，弯矩虽大，但剪力很小。在施工后浇带处，混凝土虽为后浇，但钢筋不能断。如果梁、板跨度不大，可一次配足钢筋；如果跨度较大，可按规定断开，在补齐混凝土前焊接好。后浇带的配筋应能承担由浇筑混凝土成为整体后的差异沉降而产生内力，一般可按差异沉降变形反算内力，而在配筋上予以加强，如图 8-16 所示。

后浇带的钢筋是断开还是贯通，取决于后浇带缝的类型。对沉降后浇带而言，钢筋贯通为好；对收缩后浇带而言，钢筋断开为好；梁板结构的板筋断开，梁筋贯通，如果钢筋不断开，钢筋附近的混凝土收缩将受到约束，产生拉力而导致开裂，从而降低结构抵抗温度变化的

知识扩展：

本章依据《建筑地基基础术语标准》（GB/T 50941—2014）编写：

15　施工

15.0.5　后浇带 post pouring strip

为防止混凝土结构由于温度、收缩和地基不均匀沉降而产生裂缝，现浇混凝土结构施工过程中设置的预留施工间断带。

图 8-16 后浇带配筋图

能力。

对于后浇带内的后浇混凝土,应使用无收缩混凝土,防止新、老混凝土接缝收缩开裂。对于无收缩混凝土,可在混凝土掺加微膨胀剂,也可直接采用膨胀水泥配制,如矿渣水泥。配制的混凝土强度等级应比先浇混凝土高一个强度等级。

不同类型后浇带后浇部分混凝土的浇灌时间不同。伸缩后浇带应根据先浇混凝土的收缩完成情况而定,不同水泥、水灰比、养护条件的混凝土,一般应控制在施工后 60d 进行。如工期非常紧迫,也应在 14d 以上。沉降后浇带宜在建筑物基本完成沉降后再浇筑混凝土。

后浇带先浇混凝土完成后,应进行防护,覆盖局部,四周用临时栏杆围护,防止施工过程中钢筋污染,保证钢筋不被踩踏。

在后浇带浇筑混凝土前,必须将整个截面按照施工缝的要求进行处理,清除杂物、水泥薄膜、表面松动的砂石和软弱混凝土层,并将两侧混凝土凿毛,用水冲洗干净,充分保持两侧混凝土湿润,一般不少于24h。在表面涂刷水泥净浆或混凝土界面处理剂后,及时浇筑混凝土。

此外,因后浇带的混凝土一次浇筑量小,通常采用现场搅拌混凝土的方法,且后浇带应用强度等级提高一级、早强、补偿收缩的混凝土进行浇筑,所以应单独申请混凝土配合比。施工中应提前做好水泥、砂、石、外加剂及掺合料的进场检验和试验工作,及时申请混凝土配合比。浇筑时应认真计量,在混凝土浇筑时,应按规定留置标准养护试件和同条件养试件,用以检验和证明后浇带混凝土的强度。浇筑混凝土后,应重视其养护工作,及时的养护可使混凝土在潮湿的环境中硬化,水泥水化生成物堵塞毛细孔隙,提高混凝土的密实度和抗渗性。

第9章

工 业 建 筑

9.1 概述

9.1.1 工业建筑的特点

知识扩展:

　　本章依据《建设工程分类标准》（GB/T 50841—2013)编写:

3.3　工业建筑工程

3.3.1　工业建筑工程可分为厂房(机房、车间)、仓库、辅助附属设施等。

3.3.2　仓库按用途划分可分为各行业企事业单位的成品库、原材料库、物资储备库、冷藏库等。

3.3.3　厂房(机房)包括各行业工矿企业用于生产的工业厂房和机房等,按照高度和层数可分为单层厂房、多层厂房和高层厂房,按照跨度可分为大型厂房、中型厂房、小型厂房。

　　工业建筑是指用于从事工业生产的各种房屋(一般称厂房)。它与民用建筑一样,要体现适用、安全、经济、美观的方针;在设计原则、建筑用料和建筑技术等方面,两者也有许多共同之处。但由于生产工艺复杂多样,在设计配合、使用要求、室内采光、屋面排水及建筑构造等方面,工业建筑又具有如下特点。

　　(1)厂房的建筑设计是在工艺设计人员提出的工艺设计图的基础上进行的,建筑设计在适应生产工艺要求的前提下,应为工人创造良好的生产环境,并使厂房满足适用、安全、经济和美观的要求。

　　(2)厂房中的生产设备多,体量大,各部分生产联系密切,并有多种起重运输设备通行,致使厂房内部需要较大的敞通空间。

　　(3)当厂房宽度较大时,特别是多跨厂房,为满足室内采光、通风的需要,屋顶上往往设有天窗;为了屋面防水、排水的需要,还应设置屋面排水系统(天沟及水落管)。这些设施均使屋顶构造复杂。由于设有天窗,室内大都无顶棚,屋顶承重结构袒露于室内。

　　(4)在单层厂房中,由于跨度大,屋顶及吊车荷载较重,多采用钢筋混凝土排架结构承重;在多层厂房中,由于楼面荷载较大,广泛采用钢筋混凝土骨架承重。对于特别高大的厂房,有重型吊车的厂房,高温厂房,或地震烈度较高地区的厂房,宜采用钢骨架承重。

9.1.2 工业建筑的分类

　　工业生产的类别繁多,生产工艺不同,工业建筑的分类随之而异,在建筑设计中,常按厂房的用途、内部生产状况及层数进行分类。

1. 按厂房的用途分

1) 主要生产厂房

主要生产厂房指进行产品加工主要工序的厂房。例如,机械制造厂中的铸工车间、机械加工车间及装配车间等。这类厂房的建筑面积较大,职工人数较多,在全厂生产中占重要地位,是工厂的主要厂房。

2) 辅助生产厂房

辅助生产厂房指为主要生产厂房服务的厂房,如机械制造厂中的机修车间、工具车间等。

3) 动力类厂房

动力类厂房指为全厂提供能源和动力的厂房,如发电站、锅炉房、变电站、压缩空气站等。动力设备的正常运行对全厂生产特别重要,故这类厂房必须具有足够的坚固耐久性、妥善的安全措施和良好的使用质量。

4) 储藏类建筑

储藏类建筑指用于储存各种原材料、半成品或成品的仓库。由于所储物质的不同,在防火、防潮、防爆、防腐蚀、防变质等方面将有不同要求。设计时,应根据不同要求按有关规范、标准采取妥善措施。

5) 运输类建筑

运输类建筑指用于停放各种交通运输设备的房屋,如汽车库、电瓶车库等。

2. 按车间内部生产状况分

1) 热加工车间

热加工车间指在生产过程中散发出大量热量、烟尘等有害物的车间,如炼钢、轧钢、铸工、锻压车间等。

2) 常温加工车间

常温加工车间指在正常温度、湿度条件下进行生产的车间,如机械加工车间、装配车间等。

3) 有侵蚀性介质作用的车间

有侵蚀性介质作用的车间指在生产过程中会受到酸、碱、盐等侵蚀性介质的作用,对厂房耐久性有影响的车间。这类车间在建筑材料选择及构造处理上应有可靠的防腐蚀措施,如化工厂和化肥厂中的某些生产车间,冶金工厂中的酸洗车间等。

4) 恒温恒湿车间

恒温恒湿车间指在温度、湿度波动很小的范围内进行生产的车间。这类车间室内除装有空调设备外,厂房也要采取相应的措施,以减少室外气候对室内温度、湿度的影响,如纺织车间、精密仪表车间等。

5) 洁净车间

洁净车间指产品的生产对室内空气的洁净程度要求很高的车间。

知识扩展:

本章依据《民用建筑设计术语标准》(GB/T 50504—2009)编写:

2.2 建筑分类

2.2.1 建筑类型 building type

将建筑按照不同的分类方法区分成不同的类型,以使相应的建筑标准、规范对同一类型的建筑加以技术上或经济上的规定。

2.2.2 民用建筑 civil building

供人们居住和进行各种公共活动的建筑的总称。

2.2.3 居住建筑 residential building

供人们居住使用的建筑。

这类车间除对室内空气进行净化处理,将空气中的含尘量控制在允许的范围内以外,厂房围护结构应保证严密,以免大气灰尘的侵入,以保证产品质量,如集成电路车间、精密仪表的微型零件加工车间等。

车间内部生产状况是确定厂房平面、剖面、立面及围护结构形式和构造的主要因素之一,设计时应予充分考虑。

3. 按厂房层数分

1) 单层厂房

单层厂房广泛地应用于各种工业企业,占工业建筑总量的 75% 左右。它对具有大型生产设备、振动设备、地沟、地坑或重型起重运输设备的生产有较大的适应性,如冶金、机械制造等工业部门。单层厂房便于沿地面水平方向组织生产工艺流程,布置生产设备,生产设备和重型加工件的荷载直接传给地基,也便于工艺改革。

单层厂房按跨数的多少有单跨与多跨之分。多跨大面积厂房在实践中用得较多,其面积可达数万平方米,单跨用得较少。但有的生产车间,如飞机装配车间和飞机库常采用跨度很大($36\sim100$m)的单跨厂房。

单层厂房占地面积大,围护结构面积大(特别是屋顶面积大),各种工程技术管道较长,维护管理费用高,厂房偏长,立面处理单调。

2) 多层厂房

多层厂房对于垂直方向组织生产及工艺流程的生产企业(如面粉厂),以及设备和产品较轻的企业具有较大的适应性,多用于轻工、食品、电子、仪表等工业部门。因它占地面积少,更适用于在用地紧张的城市建厂及老厂改建。在城市中修建多层厂房,还易于适应城市规划和建筑布局的要求。

3) 混合层次厂房

混合层次厂房是既有单层又有多层的厂房。

9.1.3　单层工业厂房的结构体系

单层工业厂房的结构体系,主要有排架结构和刚架结构两种。

1. 排架结构

排架结构是一种广泛采用的形式。排架结构是由柱子、基础、屋架(或屋面梁)构成的一种骨架体系。它的基本特点是柱子、基础、屋架(或屋面梁)均是独立构件。在连接方式上,屋架(屋面梁)与柱子的连接为铰接,柱子与基础的连接是刚结,如图 9-1 所示。

排架之间通过吊车梁、连系梁(墙梁或圈梁)、屋面板等构成支承系统,其作用是保证排架的横向稳定性。

知识扩展:

本章依据《民用建筑设计术语标准》(GB/T 50504—2009)编写:

2.2.4　公共建筑 public building

供人们进行各种公共活动的建筑。

2.2.5　工业建筑 industrial building

以工业性生产为主要使用功能的建筑。

2.2.6　农业建筑 agricultural building

以农业性生产为主要使用功能的建筑。

图 9-1 排架结构

2. 钢架结构

这种作法是将屋架(屋面梁)与柱子合并成为一个构件。柱子与屋架(屋面梁)连接处一般为一整体刚性节点,柱子与基础的连接节点一般为铰接节点,如图 9-2 所示。

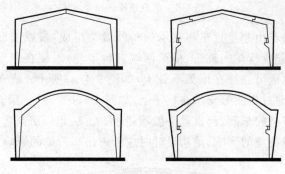

图 9-2 钢架结构

9.2 厂房内部的起重运输设备

为在生产中运送原材料、成品或半成品,厂房内应设置必要的起重运输设备。其中,各种形式的吊车与土建设计关系密切。常见的有单轨悬挂式吊车、梁式吊车和桥式吊车等。

9.2.1 单轨悬挂式吊车

单轨悬挂式吊车如图 9-3 所示,按操纵方法有手动及电动两种。吊车由运行部分和起升部分组成,安装在"工"字形钢轨上,钢轨悬挂在屋架(或屋面大梁)的下弦上,它可以布置成直线或曲线形(转弯或越跨时用)。为此,厂房屋顶应有较大的刚度,以适应吊车荷载的作用。

单轨悬挂式吊车适用于小型起重量的车间,一般起重量为 1～2t。

9.2.2 梁式吊车

梁式吊车分手动和电动两种,手动的多用于工作不甚繁忙的场合或检修设备。一般厂房多用电动梁式吊车,可在吊车上的司机室内操纵,有的也可在地面操纵。

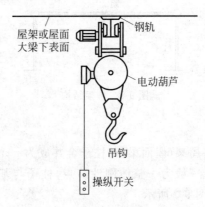

图 9-3   单轨悬挂式吊车

梁式吊车由起重行车和支承行车的横梁组成,横梁断面为"工"字形,可作为起重行车的轨道,横梁两端有行走轮,以便在吊车轨道上运行。吊车轨道可悬挂在屋架下弦上,如图 9-4(a)所示;或支承在吊车梁上,后者通过牛腿等支承在柱子上,如图 9-4(b)所示。梁式吊车适用于小型起重量的车间,起重量一般不超过 5t。确定厂房高度时,应考虑该吊车净空高度的影响,结构设计时应考虑吊车荷载的影响。

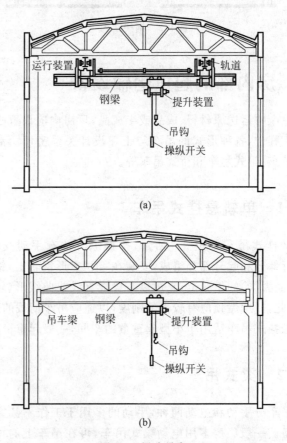

(a)

(b)

图 9-4   梁式吊车

9.2.3 桥式吊车

桥式吊车由起重行车及桥架组成,桥架上铺有起重行车运行的轨道(沿厂房横向运行),桥架两端借助车轮可在吊车轨道上运行(沿厂房纵向),吊车轨道铺设在柱子支承的吊车梁上,如图9-5所示。桥式吊车的司机室一般设在吊车端部,有的也可设在中部或做成可移动的。

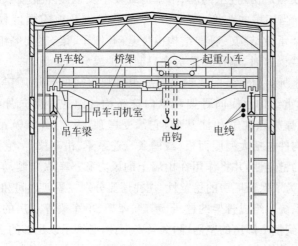

图 9-5 桥式吊车

根据工作班时间内的吊车工作时间,桥式吊车的工作制分重级工作制(工作时间>40%)、中级工作制(工作时间为25%~40%)、轻级工作制(工作时间为15%~25%)三种情况。

当同一跨度内需要的吊车数量较多,且吊车起重量相差悬殊时,可沿高度方向设置双层吊车,以减少吊车运行中的相互干扰。

设有桥式吊车时,应注意厂房跨度和吊车跨度的关系,使厂房的宽度和高度满足吊车运行的需要,并应在柱间适当位置设置通向吊车司机室的钢梯及平台。当吊车为重级工作制或有其他需要时,尚应沿吊车梁侧设置安全走道板,以保证检修和人员行走的安全。

桥式吊车的起重范围可由5吨到数百吨,它在工业建筑中应用很广。但由于所需净空高度大,本身又很重,故对厂房结构不利。因此,有的研究单位建议采用落地龙门吊车代替桥式吊车,这种吊车的荷载可直接传到地基上,因而大大减轻了承重结构的负担,便于扩大柱距以适应工艺流程的改革。但龙门吊车行驶速度缓慢,且多占厂房使用面积,所以目前还不能有效地代替桥式吊车。

除上述几种吊车形式外,厂房内部根据生产特点的不同,还有各式各样的运输设备,如火车、汽车;拖拉机制造厂装配车间的吊链;冶金工厂轧钢车间采用的辊道;铸工车间所用的传送带;此外,还有气垫等较新的运输工具。

9.3 装配式钢筋混凝土单层工业厂房

9.3.1 单层工业厂房的结构组成

单层工业厂房的结构支承方式基本上可分为承重墙结构与骨架结构两类。仅当厂房跨度、高度、吊车荷载较小及地震烈度较低时才用承重墙结构;当厂房的跨度、高度、吊车荷载较大及地震烈度较高时,广泛采用骨架承重结构。骨架结构由柱基础、柱子、梁、屋架等组成,以承受各种荷载。这时,墙体在厂房中只起围护或分隔作用。

图 9-6 所示为由装配式钢筋混凝土骨架组成的单层厂房。由图可知,厂房承重结构由横向骨架和纵向连系构件组成。横向骨架包括屋面大梁(或屋架)、柱子和柱基础,它承受屋顶、天窗、外墙及吊车荷载。纵向连系构件包括大型屋面板(或檩条)、连系梁、吊车梁等,它们能保证横向骨架的稳定性,并将作用在山墙上的风力和吊车纵向制动力传给柱子。此外,为了保证厂房的稳定性,往往还要分别在屋架之间和柱子之间设置支承系统。组成骨架的柱子、基础、屋架、吊车梁等厂房的主要承重构件,关系到整个厂房的坚固、耐久及安全性,必须予以足够的重视。

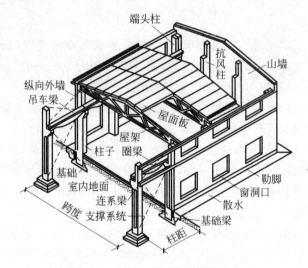

图 9-6 单层工业厂房的结构组成

9.3.2 单层工业厂房的主要结构构件

1. 柱子

柱子是单层工业厂房的竖向承重构件,它承受着屋盖、吊车梁、墙体上的荷载,以及山墙传来的风荷载,并把这些荷载传给基础。

单层工业厂房中的柱子,主要采用钢筋混凝土柱、钢柱或砖柱。

9-1 钢筋混凝土单层工业厂房

柱子从位置上区分,有边列柱、中列柱、高低跨柱(以上均属于承重柱)和抗风柱,如图9-7所示。

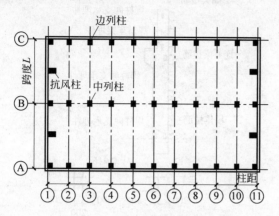

图9-7 柱子的位置

砖柱的截面一般为矩形。钢柱和钢筋混凝土柱的截面类型有矩形、"工字形"、空心管柱和双肢柱,如图9-8所示。可以根据厂房的高度、工艺要求、结构要求、制作条件等决定柱的类型。

知识扩展:

本章依据《建筑抗震设计规范》(GB 50011—2010)编写:

6 厂房内的工作平台、刚性工作间宜与厂房主体结构脱开。

7 厂房的同一结构单元内,不应采用不同的结构形式;厂房端部应设屋架,不应采用山墙承重;厂房单元内不应采用横墙和排架混合承重。

8 厂房柱距宜相等,各柱列的侧移刚度宜均匀,当有抽柱时,应采取抗震加强措施。

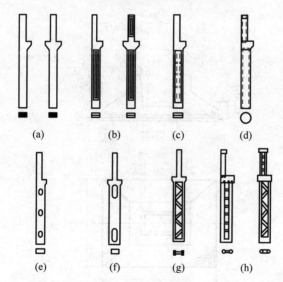

图9-8 柱子的类型

(a)矩形柱;(b)工字形柱;(c)预制空腹板工字形柱;(d)单肢管柱;
(e)双肢柱;(f)腹杆双肢柱;(g)斜腹杆双肢柱;(h)双肢管柱

柱子是单层工业厂房的主要竖向承重构件,特别是钢筋混凝土柱,应预埋好与屋架、吊车梁、柱间支承的埋件,还要预留好与圈梁、墙体的拉筋,如图9-9所示。

2. 基础与基础梁

1)基础

单层工业厂房主要采用独立基础。基础的剖面形状一般做成锥形

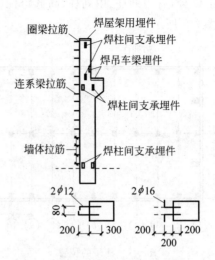

图 9-9 柱子的埋筋与埋件（单位：mm）

或阶梯形，预留杯口，以便插入预制柱，如图 9-10 所示，也可在基础柱顶预埋构件或锚栓以固定钢柱。

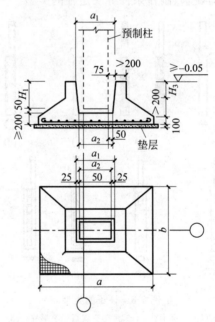

图 9-10 杯形基础（单位：mm）

2）基础梁

采用排架结构的单层工业厂房，外墙通常不再做条形基础，而是将墙砌筑在特制的基础梁上，基础梁的断面形状如图 9-11 所示。预制的基础梁搁置在杯形基础的顶面上承担围护墙重。这样做的好处是避免排架与砖墙的不均匀下沉。当基础埋置较深时，可将基础梁放在基础上表面的垫块上，或柱的小牛腿上，以减少墙身的用砖量。

知识扩展：

本章依据《建筑抗震设计规范》（GB 50011—2010）编写：

9.1.2 厂房天窗架的设置，应符合下列要求：

1 天窗宜采用突出屋面较小的避风型天窗，有条件或 9 度时，宜采用下沉式天窗。

2 突出屋面的天窗宜采用钢天窗架；6 度、7 度和 8 度时，可采用矩形截面杆件的钢筋混凝土天窗架。

3 天窗架不宜从厂房结构单元第一开间开始设置；8 度和 9 度时，天窗架宜从厂房单元端部第三柱间开始设置。

4 天窗屋盖、端壁板和侧板，宜采用轻型板材；不应采用端壁板代替天窗架。

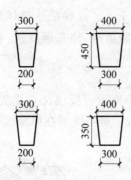

图1 基础梁的断面形式(单位:mm)

基础梁在放置时,梁的表面应低于室内地坪 50mm,高于室外地坪 100mm,并且不单作防潮层,如图 9-12 所示。

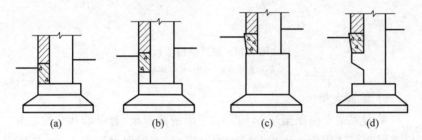

| (a) | (b) | (c) | (d) |

图 9-12 基础梁的放置

在寒冷地区,基础梁下部应采取防止土层冻胀的措施。一般做法是把梁下冻土挖除,换以干砂、矿渣或松散土层,以防止基础梁受冻土挤压而开裂,其做法如图 9-13 所示。

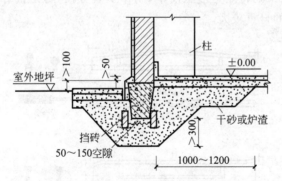

图 9-13 基础梁的防冻措施(单位:mm)

3. 屋盖

单层工业厂房的屋盖起着围护和承重两种作用。它包括承重构件(屋架、屋面梁、托架和檩条)和屋面板两大部分。

1)屋盖的两种体系

① 无檩体系

这是一种常用的做法,是将大型屋面板直接放置在屋架或屋面梁

知识扩展:

本章依据《建筑抗震设计规范》(GB 50011—2010)编写:

9.1.4 厂房柱的设置,应符合下列要求:

1 8度和9度时,宜采用矩形、工字形截面柱或斜腹杆双肢柱,不宜采用薄壁工字形柱、腹板开孔工字形柱、预制腹板的工字形柱和管柱。

2 柱底至室内地坪以上 500mm 范围内和阶形柱的上柱宜采用矩形截面。

9.1.5 厂房围护墙、砌体女儿墙的布置、材料选型和抗震构造措施,应符合本规范的有关规定。

上,屋架(屋面梁)放在柱子上。这种做法整体性好,刚度大,可以保证厂房的稳定性,而且构件数量少,施工速度快,自重较大,如图9-14(a)所示。

② 有檩体系

这种做法是将各种小型屋面板或瓦直接放在檩条上,檩条可以采用钢筋混凝土或型钢做成。檩条支承在屋架或屋面梁上,如图9-14(b)所示。

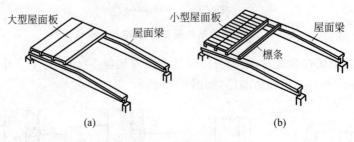

大型屋面板　屋面梁　小型屋面板　屋面梁　檩条

(a)　　　　(b)

图 9-14　屋盖结构体系

(a) 无檩体系；(b) 有檩体系

2) 屋面大梁

屋面大梁中断面呈 T 形和"工"字形的薄腹梁,有单坡和双坡之分。单坡屋面梁适用于 6m、9m、12m 的跨度,双坡屋面梁适用于 9m、12m、15m、18m 的跨度,如图9-15所示。

屋面大梁的坡度比较平缓,一般统一定为 1/10~1/12,适用于卷材屋面和非卷材屋面。屋面大梁可以悬挂 5t 以下的电动葫芦和梁式吊车。屋面大梁的特点是形状简单,制作安装方便,稳定性好,可以不加支撑,但它的自重较大。

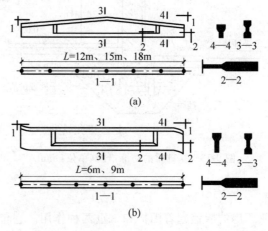

L=12m、15m、18m

L=6m、9m

图 9-15　屋面大梁

(a) 双坡屋面梁 12m、15m、18m；(b) 单坡屋面梁跨度 6m、9m

3) 屋架

当厂房跨度较大时,应采用屋架,屋架可以采用钢结构、混凝土结构、木结构等，形状有折线形、梯形、三角形等，如图 9-16 所示。跨度可以是 12m、15m、18m、24m、30m、36m 等。屋面坡度视围护材料的类型确定。卷材防水屋面坡度可以用 1/10～1/15。块材屋面坡度可以是 1/6～1/2。压型钢板屋面坡度可以采用 1/20～1/2。

知识扩展：

　　本章依据《建筑抗震设计规范》（GB 50011—2010）编写：

9.1.8　厂房的纵向抗震计算，应采用下列方法：

　　1　混凝土无檩和有檩屋盖及有较完整支撑系统的轻型屋盖厂房，可采用下列方法：

　　（1）一般情况下，宜计及屋盖的纵向弹性变形，围护墙与隔墙的有效刚度，不对称时，尚宜计及扭转的影响，按多质点进行空间结构分析；

　　（2）柱顶标高不大于 15m 且平均跨度不大于 30m 的单跨或等高多跨的钢筋混凝土柱厂房，宜采用本规范的修正刚度法计算。

　　2　纵墙对称布置的单跨厂房和轻型屋盖的多跨厂房，可按柱列分片独立计算。

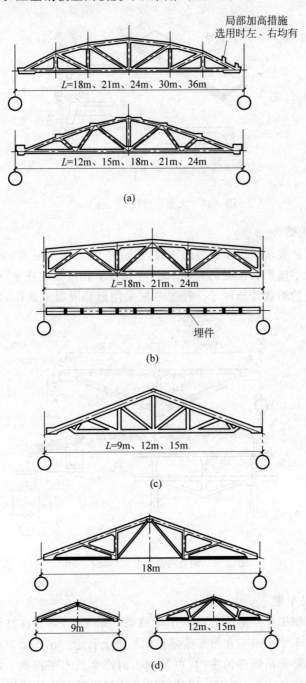

局部加高措施
选用时左、右均有

L=18m、21m、24m、30m、36m

L=12m、15m、18m、21m、24m

(a)

L=18m、21m、24m

埋件

(b)

L=9m、12m、15m

(c)

18m

9m

12m、15m

(d)

图 9-16　屋架形式

（a）折线形屋架；（b）梯形屋架；（c）三角形组合屋架；（d）两铰拱屋架

4）屋面板

单层工业厂房的屋面板类型很多，最常用的是预应力钢筋混凝土大型屋面板。这是广泛采用的一种屋面板，它的标志尺寸为 1.5m×6.0m，适用于屋架间距为 6m 的一般工业厂房，如图 9-17 所示。

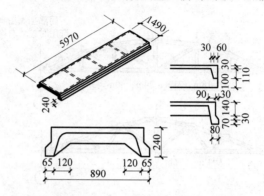

图 9-17 大型屋面板（单位：mm）

5）托架

因工艺要求或设备安装的需要，柱距应为 12m，而屋架（屋面梁）的间距和大型屋面板长度仍为 6m 时，应加设承托屋架的托架，通过托架将屋架上的荷载传给柱子。托架一般采用钢筋混凝土制作，如图 9-18 所示。

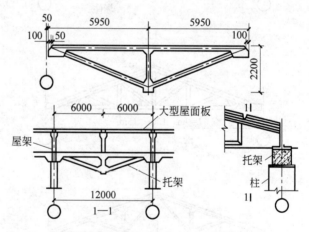

图 9-18 钢筋混凝土托架（单位：mm）

4. 吊车梁

当单层工业厂房设有桥式吊车或梁式吊车时，需要在柱子的牛腿处设置吊车梁。吊车在吊车梁铺设的轨道上行走。吊车梁直接承受吊车的自重和起吊物件的重力，以及刹车时产生的水平荷载。由于吊车梁安装在柱子之间，它亦起到传递纵向荷载以及保证厂房纵向刚度和稳定的作用。

吊车梁的形式有 T 形吊车梁、"工"字形吊车梁和鱼腹式吊车梁。

　　T形吊车梁如图9-19所示，梁的上部翼缘较宽，扩大了梁的受压面积，安装轨道也方便。这种吊车梁适用于6m柱距及5～75t的重型工作制、3～30t的中级工作制和2～20t的轻级工作制。T形吊车梁的自重轻，材料省，施工方便。吊车梁的梁端上、下表面均留有预埋件，以便安装焊接。梁身上的圆孔为电线预留孔。

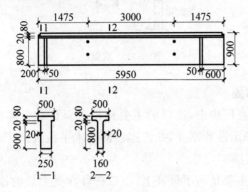

图9-19　T形吊车梁（单位：mm）

5. 连系梁与圈梁

　　连系梁是厂房纵向柱列的水平连系构件，常做在窗口上，并代替窗过梁，对增强厂房纵向刚度、传递风荷载有明显的作用。连系梁可以采用焊接或螺栓与柱子连接，其截面形式有矩形和L形，分别用于厚度为240mm和365mm的砖墙中，如图9-20所示。

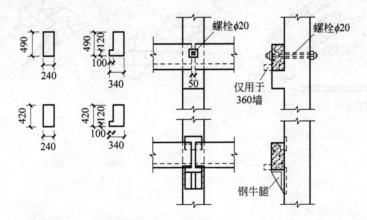

图9-20　连系梁（单位：mm）

　　圈梁的作用是将墙体同厂房的排架柱、抗风柱连在一起，以加强整体刚度和稳定性。圈梁应在墙体内，按照上密下疏的原则每5m左右加一道。其断面高度应不小于180mm。在配筋数量方面，主筋为4ϕ12，箍筋为ϕ6@250mm，如图9-21所示。圈梁应与柱子伸出的预埋筋进行连接。

知识扩展：

　　本章依据《建筑抗震设计规范》（GB 50011—2010）编写：

　　3　当工作平台和刚性内隔墙与厂房主体结构连接时，应采用与厂房实际受力相适应的计算简图，并计入工作平台和刚性内隔墙对厂房的附加地震作用影响。变位受约束且剪跨比不大于2的排架柱，其斜截面受剪承载力应按现行国家标准《混凝土结构设计规范》（GB 50010—2010）的规定计算，并按本规范第9.1.25条采取相应的抗震构造措施。

　　4　8度Ⅲ、Ⅳ类场地和9度时，带有小立柱的拱形和折线型屋架或上弦节间较长且矢高较大的屋架，其上弦宜进行抗扭验算。

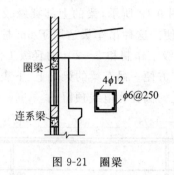

图 9-21　圈梁

6. 支撑系统

在单层工业厂房中,支撑的主要作用是保证和提高厂房结构和构件的承载力、稳定性和刚度,并传递一部分水平荷载。

1)屋盖支撑

屋盖支撑主要是为了保证上、下弦杆件在受力后的稳定,并保证山墙受到风力以后的传递。

① 水平支撑

这种支撑布置在屋架上弦或下弦之间,沿柱距横向布置或沿跨度纵向布置。水平支撑有上弦横向水平支撑、下弦横向水平支撑、纵向水平支撑和纵向水平系杆等,如图 9-22 所示。

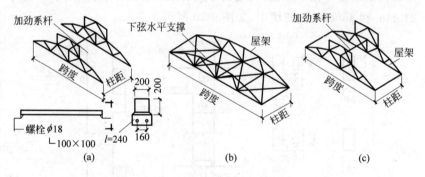

图 9-22　水平支撑(单位:mm)

(a)节点;(b)下弦水平支撑;(c)纵向水平支撑

② 垂直支撑

这种支撑主要是保证屋架与屋面梁在使用和安装阶段的侧向稳定,并能提高厂房的整体刚度,如图 9-23 所示。

2)柱间支撑

柱间支撑一般设在厂房变形缝的区段中部,其作用是承受山墙抗风柱传来的水平荷载及传递吊车产生的纵向刹车力,以加强纵向柱列的刚度和稳定性,是厂房必须设置的支撑系统。柱间支撑一般采用钢材制成,如图 9-24 所示。

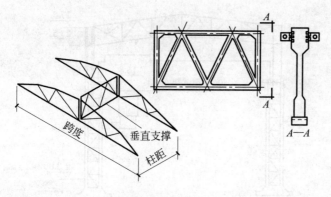

图 9-23　垂直支撑

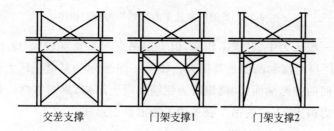

交差支撑　　　门架支撑1　　　门架支撑2

图 9-24　柱间支撑

9.4　钢结构厂房

9.4.1　钢结构厂房的应用

钢结构厂房具有较大的承载能力，整体刚度及抗震性能好，耐热，钢构件便于制作、运输及安装，厂房的建造周期短，因而在重型或大型厂房中得到普遍的应用。我国钢结构厂房主要用于以下几方面。

1. 大型冶金厂房

大型冶金厂房包括大型炼钢、轧钢车间等。这些车间内设有硬钩吊车（钢料耙、钳式吊车等），起重量较大，且均为重级工作制，吊车运行对厂房产生较大的动力作用。车间内温度较高。例如，在炼钢车间内，炼钢炉附近的吊车梁及柱子表面温度高达 $100 \sim 150 ℃$。我国的鞍钢、宝钢等主要冶炼厂房都采用了全钢结构。图 9-25 所示为某钢厂初轧车间均热炉跨的横剖面。

2. 重型机械制造厂房

重型机械制造厂房包括大型电机、锅炉的装配车间，重型锻压车间等。这类厂房内通常设有 2 层或 3 层桥式吊车（其中一层可能为悬臂

知识扩展：

本章依据《建筑抗震设计规范》（GB 50011—2010）编写：

9.2　单层钢结构厂房

9.2.2　厂房的结构体系应符合下列要求：

1　厂房的横向抗侧力体系，可采用刚接框架、铰接框架、门式刚架或其他结构体系。厂房的纵向抗侧力体系，8 度、9 度应采用柱间支撑；6 度、7 度宜采用柱间支撑，也可采用刚接框架。

2　厂房内设有桥式起重机时，起重机梁系统的构件与厂房框架柱的连接应能可靠地传递纵向水平地震作用。

3　屋盖应设置完整的屋盖支撑系统。屋盖横梁与柱顶铰接时，宜采用螺栓连接。

9.2.3　厂房的平面布置、钢筋混凝土屋面板和天窗架的设置要求等，可参照本规范单层钢筋混凝土柱厂房的有关规定。当设置防震缝时，其缝宽不宜小于单层混凝土柱厂房防震缝宽度的 1.5 倍。

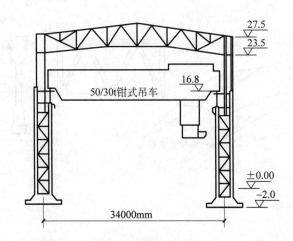

图 9-25　某钢厂初轧车间均热炉跨横剖面图

吊车),一般虽为中、轻级工作制,但上层吊车起重量都较大($Q \geqslant 100 \sim$ 400t),厂房跨度和高度也都很大。如图 9-26 所示为某电机厂大型电机装配车间的主跨剖面(两侧副跨为钢筋混凝土结构,本图省略),由于厂房柱内力很大,下柱的吊车肢采用了箱形截面形式。

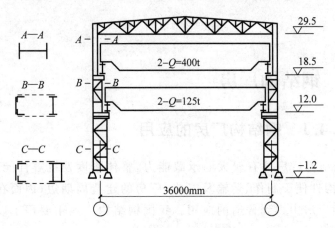

图 9-26　某装配车间结构剖面

重型锻压车间内一般设有 $Q \geqslant 5t$ 的锻锤,生产过程中厂房将受到较大的动力作用,因而大型锻造车间也经常采用全钢结构。

3. 大型飞机、造船、火力发电厂厂房

由于生产工艺的要求,这类厂房具有净空尺寸高大的特点,柱距一般不小于 12m,但吊车起重量并不大,如火力发电厂的锅炉间屋架下弦标高可达 40m 以上。为了保证厂房具有足够的刚度,以及便于解决构件装配,可根据情况采用全钢结构或钢与钢筋混凝土的混合结构。

9-2　钢结构工业厂房

9.4.2 钢结构厂房的组成与构件

如图 9-27 所示,钢结构厂房由横向平面框架、屋盖体系、吊车梁系统、支撑体系和墙架系统等组成。

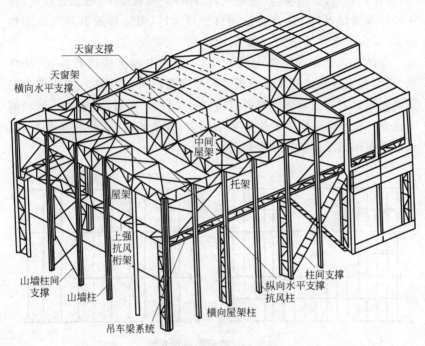

图 9-27 钢结构厂房的组成

1. 横向平面框架

根据横梁与柱子连接方法的不同,横向平面框架分为铰接与刚接。两框架柱与基础一般采用刚性连接;框架柱与屋架多采用铰接,如图 9-28 所示。

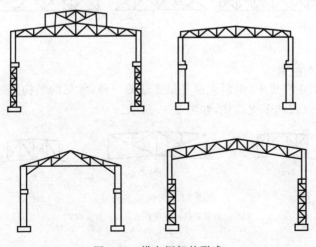

图 9-28 横向框架的形式

知识扩展：

本章依据《建筑抗震设计规范》（GB 50011—2010)编写：

2 屋盖纵向水平支撑的布置,尚应符合下列规定：

（1）当采用托架支承屋盖横梁的屋盖结构时,应沿厂房单元全长设置纵向水平支撑;

（2）对于高低跨厂房,在低跨屋盖横梁端部支承处,应沿屋盖全长设置纵向水平支撑;

（3）纵向柱列局部柱间采用托架支承屋盖横梁时,应沿托架的柱间及向其两侧至少各延伸一个柱间设置屋盖纵向水平支撑;

（4）当设置沿结构单元全长的纵向水平支撑时,应与横向水平支撑形成封闭的水平支撑体系。多跨厂房屋盖纵向水平支撑的间距不宜超过两跨,不得超过三跨;高跨和低跨宜按各自的标高组成相对独立的封闭支撑体系。

3 支撑杆宜采用型钢;设置交叉支撑时,支撑杆的长细比限值可取350。

2. 屋盖体系

屋盖结构体系分无檩方案和有檩方案两种。

无檩方案是在屋架上直接设置大型钢筋混凝土屋面板。屋架间距即屋面板的跨度,一般为6m,也有12m的。其优点是屋盖的横向刚度大,整体性好,构造简单,较为耐久,构件种类和数量少,施工进度快,易于铺设保温层等;其缺点是屋面自重较大,因而屋盖及下部结构用料较多,且由于屋盖质量大,对抗震也不利。

有檩方案是在钢屋架上设置檩条,檩条上面再铺设石棉瓦、瓦楞铁、压型钢板或钢丝网水泥槽板等轻型屋面材料。如图9-29所示为钢屋盖的布置方案。有檩方案具有构件自重轻、用料省、运输安装较轻便等优点;它的缺点是屋盖构件数量较多,构造较复杂,吊装次数多,组成的屋盖结构横向整体刚度较差。

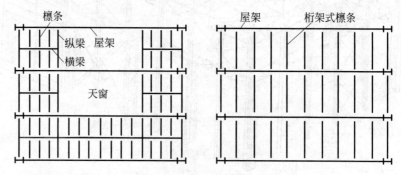

图 9-29 刚屋架布置方案

钢屋架的形式如图9-30所示。

图 9-30 钢屋架形式

3. 天窗架

在工业厂房中,矩形天窗是最普通的一种,常见的结构形式有三铰式、三支点式和多支点式,如图9-31所示。

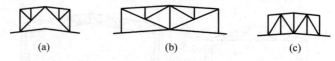

图 9-31 天窗架的形式

(a) 三铰式；(b) 三支点式；(c) 多支点式

4. 柱子

框架柱的形式通常有等截面、阶形和分离式三种。

等截面柱的构造简单,只适用于无吊车或吊车起重量不大于 20t 的厂房,如图 9-32(a)所示。

阶形柱如图 9-32(b)、(c)、(d)所示,根据吊车层数不同有单阶柱、双阶柱之分。吊车梁支承在柱截面改变处,所以荷载对柱截面形心的偏心较小,构造合理,在钢结构厂房中应用广泛。

分离式柱的屋盖肢和横梁组成框架,吊车肢独立设置,两肢之间用水平板相连,如图 9-32(e)所示。

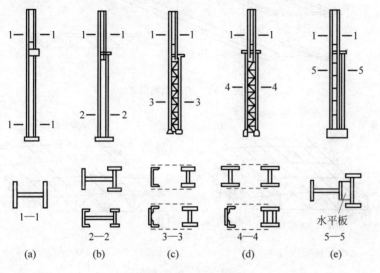

图 9-32 框架柱的形式

5. 吊车梁

吊车梁直接承受吊车产生的三个方向的荷载:垂直荷载、横向水平荷载和纵向水平荷载。

起重量不大($Q \leqslant 300t$)、跨度小于 6m 的轻、中级工作制吊车梁,可采用加强上翼缘的办法承受横向水平力,如图 9-33(a)、(d)所示。当起重量 $Q > 30t$,柱距不小于 6m 时,一般在吊车梁的上翼缘平面设置水平制动结构,制动梁或制动桁架。由制动结构直接与柱相连,把横向水平力传给柱,如图 9-33(b)、(c)所示。图 9-33(e)、(f)为吊车梁的侧面空间形式。

6. 支撑体系

钢结构厂房的支撑体系最为复杂,大体分为屋盖支撑与柱间支撑两大类。

屋盖支撑的做法如图 9-34 所示。柱间支撑的做法如图 9-35 所示。

知识扩展:

　　本章依据《建筑抗震设计规范》(GB 50011—2010)编写:

9.2.15　柱间支撑应符合下列要求:

　　1　厂房单元的各纵向柱列,应在厂房单元中部布置一道下柱柱间支撑;当 7 度厂房单元长度大于 120m(采用轻型围护材料时为 150m)、8 度和 9 度厂房单元大于 90m(采用轻型围护材料时为 120m)时,应在厂房单元 1/3 区段内各布置一道下柱支撑;当柱距数不超过 5 个且厂房长度小于 60m 时,亦可在厂房单元的两端布置下柱支撑。上柱柱间支撑应布置在厂房单元两端和具有下柱支撑的柱间。

　　2　柱间支撑宜采用 X 形支撑,条件限制时也可采用 V 形、Λ 形及其他形式的支撑。X 形支撑斜杆与水平面的夹角、支撑斜杆交叉点的节点板厚度,应符合本规范第 9.1 节的规定。

　　3　柱间支撑杆件的长细比限值,应符合现行国家标准《钢结构设计规范》(GB 50017—2003)的规定。

　　4　柱间支撑宜采用整根型钢,当热轧型钢超过材料最大长度规格时,可将型钢等强接长。

　　5　有条件时,可采用消能支撑。

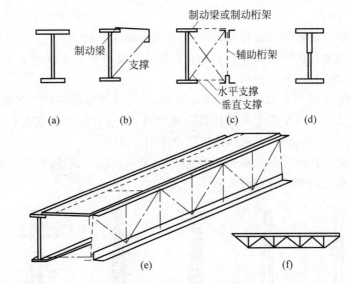

图 9-33　吊车梁的形式

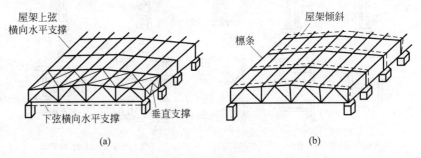

图 9-34　屋盖支撑

(a) 屋架支撑的类型;(b) 屋架支撑的作用

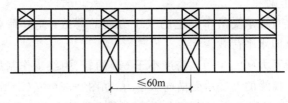

图 9-35　柱间支撑

参 考 文 献

[1] 中华人民共和国住房和城乡建设部,中华人民共和国国家质量监督检验检疫总局. 混凝土结构设计规范: GB 50010—2010[S]. 北京:中国建筑工业出版社,2010.

[2] 中华人民共和国住房和城乡建设部,中华人民共和国国家质量监督检验检疫总局. 民用建筑设计通则: GB 50352—2005[S]. 北京:中国建筑工业出版社,2005.

[3] 中华人民共和国住房和城乡建设部,中华人民共和国国家质量监督检验检疫总局. 建筑设计防火规范: GB 50016—2014[S]. 北京:中国计划出版社,2015.

[4] 中华人民共和国住房和城乡建设部,中华人民共和国国家质量监督检验检疫总局. 住宅建筑规范: GB 50368—2005[S]. 北京:中国建筑工业出版社,2006.

[5] 中华人民共和国住房和城乡建设部,中华人民共和国国家质量监督检验检疫总局. 建筑模数协调标准: GB/T 50002—2013[S]. 北京:中国建筑工业出版社,2013.

[6] 国家技术监督局,中华人民共和国住房和城乡建设部. 高层民用建筑设计防火规范: GB 50045—1995(2005 版)[S]. 北京:中国计划出版社,2005.

[7] 中华人民共和国住房和城乡建设部. 夏热冬冷地区居住建筑节能设计标准: JGJ 134—2010[S]. 北京:中国计划出版社,2010.

[8] 中华人民共和国住房和城乡建设部,中华人民共和国国家质量监督检验检疫总局. 地下防水工程质量验收规范: GB 50208—2011[S]. 北京:中国计划出版社,2009.

[9] 熊丹安,杨冬梅. 建筑结构[M]. 6 版. 北京:中国建筑工业出版社,2014.

[10] 姜涌. 建筑构造——材料、构法、节点[M]. 北京:中国建筑工业出版社,2011.

[11] 同济大学,西安建筑科技大学,东南大学,重庆大学. 房屋建筑学[M]. 5 版. 北京:中国建筑工业出版社,2016.